日本人だけが知らない 戦争論

ギーメロン大学博士
地英人 著
Hideto Tomabechi, Ph.D

フォレスト出版

まえがき　戦争は悪か？

「見ず知らずの相手をみな殺しにしたいと思って戦争に行く人間は、この世界に一人としていないのではありませんか」

この本の構想を練っているとき、編集者が私にこんなことを言いました。

「そんなことはないよ。いずれ日本人も彼らの標的になるよ」

私は即座に答えました。彼は心やさしき人間なのかもしれませんが、その点ははっきりさせておかなければなりません。

人を殺してはいけない。人を傷つけてはいけない。

これは当り前のことです。ただ世界の他の人達が全てそう思っているのかというところはそうとは言えないのです。世界の一部の人達からは我々日本人が牙を抜かれたお人好しに見られているぐらいです。

人間社会から完全にはみ出したいわゆるアウトサイダーたちは、この手の論理を持ってはいません。コリン・ウィルソンが書いているように、ただひと時の個人的な楽しみのために殺人をくり返すアウトサイダーの存在も珍しくはないのです。

もし、あなたが世界の全ての人が人殺しを嫌悪していると考えているならば、それは単に支配者が与えた教育の結果です。

私たちは機会あるごとに、殺人は間違っていると教えられてきました。殺人を犯せば、裁判できわめて重い制裁をかけられ、社会復帰することができたとしても以前の生活を取り戻すことはできません。自責の念に囚われて生きるようにも仕向けられます。かりに相手を殺害するだけの理由があったとしても、殺人は絶対悪とされます。

国家には「戦争を起こす」正当な権利がある

ところが、国家間となるとこれが通用しません。実際日本政府さえも他国の戦争行為を肯定しているのが現実です。

これが支配者の身勝手なご都合主義であることは、戦争を見ればすぐにわかります。戦争では、絶対悪だったはずの人殺しも、「殲滅《せんめつ》に〝いいね！〟しました」ということになります。「自分とは無関係の相手を殺すことは、私にはできません」と兵役を拒否すると、「お前にそんな権利はない」とばかりに牢屋にぶち込まれることでしょう。

そのいっぽうで、嬉々《きき》として出征し、できるだけ大量の戦争相手国の人間を効率よく殺すことに勤しむ人もいます。

たとえば、私は事実とは思っていませんが、**日中戦争の南京攻略戦で100人斬りの殺人ゲームを競ったとされる向井少尉と野田少尉。**あるいは、第2次世界大戦末期、日本の都市という都市に焼夷弾《しょういだん》の雨を降らせ無差別大量殺戮《さつりく》を実行した、**空の英雄カーチス・ルメイ将軍。**

いっぽうは南京軍事裁判によって死刑に処せられ、いっぽうは戦後、旭日大綬章《きょくじつだいじゅしょう》を授与されるという栄華の隔たりはあるものの、もし事実であればやっていることは大差ありません。現在においても、世界の紛争地域ではこの手の人たちが大活躍しているはずです。

これで、どうして人殺しは悪ということになるのでしょうか。

人殺しと戦争は違う。

そう考える人もいることでしょう。

たしかに、人殺しと戦争は違います。

人殺しは、個人に権利として与えられていませんが、戦争は、国家に権利として与えられています。

戦争を起こす権利は、国家が持つ外交権の一部として、国際法で認められています。1945年に制定された国連憲章の2条4項は戦争を禁止していますが、安全保障理事会において認定された「国際社会の平和と秩序への脅威」に対する強制行動や自衛のための武力行使は認められています。つまり、すべての国連加盟国は、個別的自衛権と集団的自衛権を持っているということです。

だからこそ、イスラエルはパレスチナのガザ地区に砲弾の雨を降らせています。アメリカがイラク北部並びにシリアの一部を占拠している武装集団「イスラム国」の空爆に踏み切ったのも、国連憲章に則った集団的自衛権による行動といえます。もちろん、世界がそれをどう見るかという判断は別にせよ。

その意味で戦争は、日本以外の国では国際法に則った正当な行為とされています。

「だから、人殺しをしたい人は、どうぞ戦地に行って思う存分におやりなさい」

こういうことになるでしょうか。

もっとも、戦争に行くことも自己責任です。もちろん、日本人は刑法で禁止されています。また、自分が戦地で殺されるかもしれないし、無事に生き残って帰ることができたとしても、戦争に負ければ厳しく戦争犯罪を問われることになるでしょうが。

「富国強兵」という言葉の本当の意味

いつも述べることですが、人間の善悪の判断は、その人の思い込みによって大きく歪《ゆが》められています。

「人殺しは悪だ」「戦争はいけない」という考え方に堅固な論理を持たない人は、いざ政府が「国に報いなさい」「国家のために命を捧《ささ》げなさい」と宣伝し始めると、案外、ころりと宗旨替えをしてしまうものです。戦前に戦争反対を唱えていた人々が、太平洋戦争が始まると打って変わって目つきが変わり、「お国のために立派に死んでくるんですよ」と言って息子を送り出した話は当時のメディア統制下のこととして割引いて考えたとしてもかなりいたと思われます。

自ら答えを突き止めることのない人というのは、こういうものです。**思い込みで判断する人間は、誰かに別の思い込みを吹き込まれることで、じつに簡単に操作されてしまいます。**この世には愛も善も正義も人の心の中にしかないという出発点から考えを紡ぎ出し、自分自身の答えに到達しないかぎり、このことは変わりません。

その点からいえば、8月15日に終戦を迎え、日本が一夜にして国民主権の民主主義国家になったということも、私はかなり怪しいと考えています。

もちろん戦後の日本は、憲法で国民主権を宣言し、選挙権などの民主主義制度を持っています。しかし、そのいっぽうで民主主義とは何かということを学ぶこともなく、日本人は民主主義の何たるかをほとんど理解していません。

その結果、民主主義という偽装包装紙にくるまれた独裁が、おそらく戦後ずっとつづいてきました。戦前の神国日本と比べれば、はるかにソフトな国家統治になってはいるものの、日本の体質は明治維新以来まったく変わっていません。要するに、富国強兵の国家主義です。

富国という単語はなかなかよくできていて、実体を巧妙に隠すのに、じつにうってつけの言葉です。富国というと、豊かな国や豊かな暮らしを思い浮かべるでしょうが、そうではありません。

富国とは、文字通り国が富むことであり、国民全般が富むことではありません。明治維新から太平洋戦争開戦にいたるまでの日本の国情を調べてみると、国民全般の暮らしは常にと言っていいほどひっ迫していました。

そのいっぽうで、貴族、政治家、官僚や軍部の上層部、あるいは国策会社の経営者は、鹿鳴館《ろくめいかん》のどんちゃん騒ぎを引き合いに出すまでもなく、きわめてリッチで浮かれていました。つまり**富国とは、国民大衆から巻き上げた上前で国の中枢に位置する人たちが豊かになること**だったと見ることができます。

ということは、強兵という言葉も同じ文脈で捉《とら》えなおさなければなりません。**国民を**

強兵に仕立てるのは、国民を使って領土を奪い、現地の敵国人を奴隷にして金儲《もう》けを行い、それによって日本の中枢の人々がリッチになる政策だったということです。

事実、日清、日露の両戦争に勝利しても、国民生活が豊かになった形跡はありません。つかの間の勝利の高揚はあったにせよ、国は戦争利益を国民に分配することもなく、むしろ国民生活は戦争をするたびに疲弊していったといえるような状況です。

明治から昭和にかけての文献を読むにつけ、国民主権の民主国家になったはずの戦後日本がまさに同じようなコースを歩んできたことに、私は驚きを禁じえません。

そして、日本はいままた偽装包装紙を臆面《おくめん》もなくほどき去り、戦争をいとわない国家主義の本性を見せ始めているわけです。

日本は一人前の主権国家ではない！

すでに述べたように、世界の論理は戦争は必ずしも悪だとは考えていません。

強固な信念と倫理を背景としない、単なる「戦争は悪で、絶対に戦争を起こしてはいけないのだ」という口先だけの論理は、日本人に日本が一人前の主権国家ではないという本質を忘れさせてしまいます。

ご存じの方も多いと思いますが、**日本は国連加盟国の中で唯一、戦争を起こす権利を持っていない国です。**

なぜかといえば、国連憲章に**敵国条項**が残っているからです。それによると……

国際連合の母体である連合国に敵対していた枢軸国が、将来、再度侵略行為を行うか、またはその兆しを見せた場合、国際連合安全保障理事会を通さず軍事的制裁を行う事が出来る。

……とあります。

日本人にとって、これは悲劇です。「平和国家」や「不戦の誓い」という美辞麗句が、戦後69年間にわたって、日本は本当の独立国ではないという事実を私たちから隠しつづけてきました。

戦争放棄をうたった平和憲法と国連憲章の敵国条項は、ある意味で、まるできちんと謀ったように整合性がとれています。そこには、**日本人が強く平和を希求すればするほど、一人前の主権国家になる道が閉ざされるカラクリが、巧妙に組み込まれているのです。**

安倍内閣は、憲法解釈の変更によって集団的自衛権の行使を容認したとされます。ただ、日本が憲法解釈を変えても、憲法を改正しても、国連憲章の敵国条項が国際的には優先されます。世界から見れば、日本は相変わらず戦争を起こす権利を持たない半人前の国家です。

日本が自分たちの考えにもとづいて戦争を起こそうとすれば、国連はそれを咎《とが》めるでしょう。場合によっては、国連軍が武力鎮圧に動いてきます。

実際のところは、サンフランシスコ講和条約と日米安全保障条約により、**日本が軍隊を送ることができるのは、アメリカ軍の作戦地域、もしくは、アメリカが認めたオーストラリア軍などに対するアメリカ軍の代理としての参加だけです。**そうなれば自衛隊は、アメリカの軍事作戦のために、アメリカ軍の一部として、日本国民の税金を戦費に使い、戦闘を行うことに条約上なります。彼らは、何のために自らの命を危険にさらし、敵国でもない場所で人殺しをするのでしょうか。

現政権は、「集団的自衛権の行使によって、日本人の生命と財産を守る」と述べました。ところが、実際の所は、現行の条約下における集団的自衛権は私たちの生命と財産の安全にまったく無関係です。よく指摘されることですが、アメリカの軍事作戦に従事することによって他国や他民族から要らぬ反感を買い、逆に日本人の生命と財産を危険にさらすリスクさえあります。

これが、どうやら現在の日本が選んだ戦争の形です。

私は、**戦争を遂行する国家の目的は、常に自国民と他国民の両方からの壮大な収奪**だと考えていますが、戦争の背後には、それ以上に大きな絵が隠されています。

私たちが真に目覚めるためにも、いまそれを明らかにしていきましょう。

第1章 これから日本は戦争に巻き込まれるのか？

第2章 クロムウェルはなぜ戦争を起こしたか

第3章 なぜ、金融資本家たちは戦争を起こしたいのか？

第4章　国際金融資本はいかにして王様から権力を奪っていったか

第5章
「世界大戦」という壮大なフィクションを暴く

第6章
来たるべき第3次世界大戦と「国家洗脳」の手口

第7章
21世紀の戦争は「5次元化空間」で繰り広げられる

第1章

これから日本は戦争に巻き込まれるのか？

なぜ、日本は負け戦覚悟でアメリカに戦争を仕掛けたのか？

過去に行われた戦争の理由について、考えたことはありますか。

たとえば、**太平洋戦争で日本はなぜアメリカと戦争することを決めたのか？**

日本が対米宣戦布告を行った理由は、一般にアメリカが日本に対して石油の禁輸を決めたからだといわれています。

石油が手に入らなくなると、エネルギー資源に乏しい日本は日中戦争をつづけていくことができなくなり、たちまち敗戦国になってしまいます。そのため、日本はやむなく連合国との戦争に踏み切った。生命線を断たれた以上、もはや戦うしか道はなかった。

日本人の大半は、おそらくこのように戦争の理由を捉えていることでしょう。

しかし、これは本当のことでしょうか。

1941年7月に、アメリカはたしかに対日石油輸出の全面禁止を決定し、実行に移しました。当時のアメリカは、原油の世界シェアの過半を占める最大の産油国です。国内消費の80％近くをアメリカの石油に依存していた日本は、早くからアメリカが対日石油輸出の禁止に動くのではないかと危惧《きぐ》していました。

日本がそれを恐れていたことは、日中戦争を遂行する過程で、アメリカにいちいちお伺いを立てていた事実によく表れています。

日本軍がアメリカの許容範囲でしか行動できないことは、当時の国会議員、高級官吏、陸海軍の幹部、さらには最高戦争指導機関である大本営を含め、誰もが認めるところでした。なぜなら、中国に攻め入って支配圏を拡大すればするほど、そのために必要とされるエネルギーと資源は英米依存を高めざるをえなかったからです。

アメリカには当時、**戦争国への物資の輸出を禁じる中立法**というものがありました。**これが発動されると、日本にとっては死刑宣告も同じです。**自前の資源を持たない日本は、たちまち戦争の遂行能力を奪われることになります。

それを恐れた日本は、中国との戦争を宣戦布告なしに始めました。宣戦布告をすれば、自分が起こした行為が戦争であることを、世界に認めることになるからです。

いっぽうの中国もアメリカの中立法発動を恐れたために、宣戦布告を行うことなく日本と開戦しています（中国は、日本が真珠湾攻撃を行った翌日、１９４１年12月9日に対日宣戦布告を行った）。

日本も中国も、こんなつまらない茶番を演じなければならないほど、アメリカに気を遣っていたのです。

そうまでしておきながら、アメリカが石油輸出の全面禁止を決めると、日本は対米開戦に向かいます。早晩エネルギーが枯渇することを知りながら、戦う道を選ぶのです。

これは、じつに不思議な話といわなければなりません。**生命線を断たれた瞬間に、すでに死に体になっているにもかかわらず、もう一度大騒ぎを起こして派手に死んでやろう**というわけです。

「石油が断たれたから戦争を起こした」という世紀の大ウソ

不思議ついでに言えば、**石油の対日全面禁輸が行われてからも、アメリカ産の石油はなぜか日本に届いていていました。**「そんなことがあるわけない」と思うかもしれませんが、これはれっきとした事実です。

アメリカは日本船籍のタンカーへの石油積み出しには応じませんでしたが、外国船籍のタンカーについては目こぼしをしていました。当時、世界最大の石油会社だったロックフェラー家のスタンダード石油と密接な関係にあったナチスドイツの複合化学企業、IGファルベンを経由して、日本にアメリカの資源が輸送されていたことも明らかになっています。

日米開戦によって、太平洋の島々に広く日本の戦線が拡大していくわけですから、日本軍の重油やガソリンの消費量は増加の一途をたどるに決まっています。蘭印に攻め込み、インドネシアの油田を確保したから、それが賄えたとはいえません。インドネシアの石油は簡単には国内に輸送できなかったのです。

当時、石油や資源の運搬は、軍によって徴用された民間商船が行いました。それらはことごとく米潜水艦の攻撃にさらされ、どんどん撃沈されていきました。

ちなみに、第2次大戦中に失われた民間商船はおよそ2500隻、犠牲になった船員は6万人を超えると推定されています。

およそ3年9カ月の間に2500隻ですから、月にならすと毎月55隻以上です。ということは、毎日必ず2隻近くが海の藻屑《もくず》となり、それが3年9カ月にわたってずっとつづいたというに等しい状況です。米潜水艦は大型輸送船にかぎって狙《ねら》いをつけたでしょうから、この状況でインドネシアの石油が日本に十分に届いたわけがありません。

ちなみに、**民間の船員の死亡率は推計で43%とされ、海軍兵士のそれの2倍以上に達しています。**戦争で死んで行くのは、戦争指導部や陸海軍の幹部ではなく、常に現場の兵士と民間人なのです。

こうした状況にありながら、日本海軍は数多くの巨大戦艦を太平洋に展開し、敗色濃厚となる1944年の春ごろまで、重油（艦船の燃料）を惜しげもなく消費しつづけます。

いったいこれが、アメリカからの石油供給を断たれた国がとる行動でしょうか。

狂気の沙汰《さた》という言葉で片づけることは簡単ですが、実態はそうでもありません。

当時の国会議員、陸海軍幹部、高級官吏たちは、むしろ自分の役目を理解して冷静に段取りどおりの仕事をこなしているような雰囲気さえありました。そうやって大きな苦悩を抱えるでもなく、淡々とクライマックスへ突き進んでいくわけです。

そして敗戦を迎え、新たな体制が生まれると、戦争遂行の責任を負うべき人々は、一部を除いて断罪されることもなく、どんどん社会の要職に就いていきます。それが、この21世紀の日本社会の土台になっています。

こうした結末を見ると、石油を断たれたために万策尽き、やむを得ずアメリカに宣戦布告したという解釈は、どこからどう見ても成り立つようには思えません。

なぜかというと、「石油を止められて、どうしようもなかったんだ」という言い訳は、あまりにも軽佻《けいちょう》浮薄なのです。この戦争で、少なく見積もっても軍人、民間人を合わせ310万人の日本人の命が失われました。軍人総数230万人のうち140万人は餓死でした。天秤《てんびん》棒のいっぽうにこの犠牲の重さがあるとすれば、とうていつり合いがとれる開戦理由ではありません。

日本がわざわざ派手に負けるためにどうにも辻褄《つじつま》の合わない戦争の道を突き進んだことに、私はあたかも筋書きのあるプロレスショーを見せつけられるような違和感を抱きます。そして、この違和感は、歴史家や戦史家が百万言を費やして合理的な説明を行ったとしても、けっして消えてはくれません。

「景気対策」としての戦争のメリット

国家が戦争を始める理由について、「戦争をすれば、軍需産業が儲かるからだ」という人がいます。

たしかに、軍需産業は儲かることでしょう。

もちろん景気がよくなり、軍需産業でなくとも儲かります。

たとえば、いまの日本が戦争を始めると、ニートと呼ばれるような若年無業者や失業者は一気に消えてしまいます。なぜかといえば、軍需工場や民間軍事会社、あるいは原発などの重要施設の警備会社など、国家防衛に関連する仕事にどんどん吸収されていくからです。

「俺はそんな仕事はやりたくないよ」

そう思うかもしれませんが、「尊敬を集める素晴らしい仕事だ」とか「君も凛々《りり》しく生まれ変わる」などとマスコミで宣伝すれば、若者の風向きなどころりと変わってしまいます。

その兆候は、すでに表れています。百田《ひゃくた》尚樹氏の小説『永遠の０』、宮崎駿《はやお》氏のアニメ『風立ちぬ』、あるいは宮嶋茂樹氏の写真集『国防男子』『国防女子』。いずれも、人気の高い作品になりました。

戦争賛美の風潮は、「すごい！」「面白い！」とマスコミが煽《あお》ることによって人気化します。人々の思想を戦争肯定に導く洗脳ツールとしての背景が読みとれます。

また、良いか悪いかの判断は保留して、昨今の国際情勢を反映して、テレビの何気ない番組においても、国を守ることは素晴らしいことだという主張が、芸能人のコメントやドラマのワンシーンなどのいたるところにちりばめられるようになりました。

たったこれだけのことで、国民のマインドは影響され、戦争肯定へと回転を始めます。

日本がじっさいにアメリカの戦争に加担するようになると、日本の失業率はおそらく一気に低下するでしょう。

いままで無収入だったニートたちが仕事を得て給料をもらい、そのお金を消費に回すようになれば、日本に一足飛びの景気回復が訪れます。軍需で盛り上がった消費が全国津々浦々にまで行きわたり、さまざまな産業、企業、個人の懐を温めることでしょう。
すると、ますます「戦争も悪くない」という空気がまん延していくことになります。

中国は本当に日本にとって脅威なのか？

しかしながら、単純に景気回復や企業の利益のために戦争が行われるといえば、これは安易すぎる分析です。戦争を利用したいと考える企業経営者はそれこそ山のようにいるでしょうが、彼らの思いどおりに戦争が進んでくれるとはかぎりません。

世界で戦争が行われる背景にあるのは、もっと大きな絵です。

たとえば、尖閣《せんかく》諸島の件で日本に圧力をかけている中国のことを、私たち国民は大変な脅威であると感じています。

誰が私たちをそう仕向けているか、考えたことはありますか？

中国が尖閣諸島を手に入れたいと考えていることは、紛れもない事実です。彼らは、

「尖閣は中国の核心的利益」と公言してはばかりません。

そこで中国の挑発行為があると、マスコミは「中国は悪だ、ならず者だ」とばかりに中国攻撃を行うわけですが、そのとき視聴者に植えつけられる意識は、「日本人は節度ある態度を示しているのに、なんと一方的で無礼な奴らだ」というものでしょう。

ところが、日本以外の国から見ると、そうは見えません。中国側の上手な海外メディア工作もありますが、むしろ中国にちょっかいを出しているのは日本ではないか。そう見えるのです。

国民の目に中国の脅威が刻みつけられたのは、**中国漁船が海上保安庁の巡視船に突っ込んだ事件**だったのではないでしょうか。

それを発端として、右派の政治家が騒ぎ始めました。いわく「中国の漁船が大挙してやってきて、中国人が尖閣に上陸したらどうするんだ。あいつらは本当にやってくるぞ」と。

その声が強く、政府は尖閣諸島の国有化を決めました。中国の船舶が尖閣諸島周辺に頻繁に姿を現すようになったのは、それ以来のことです。もしも、この国有化がなければ、中国の挑発行為はここまでエスカレートしなかったとも考えられます。

もちろん、尖閣諸島はもともと日本の領土ですから、中国が日本政府による国有化に文句を言う筋合いはありません。

しかし、中国が日本の行為に不快感を抱く理由もあるようです。**なぜなら、日中国交正常化を果たした田中角栄首相と周恩来首相の間で、「尖閣諸島問題の棚上げを確認した」とする密約が交わされた形跡があるからです。**このことについては、元自民党幹事長の野中広務氏や、元外務省国際情報局長の孫崎享《まごさきうける》氏が「あった」と指摘しています。

いっぽうで岸田外務大臣は「外交記録を見るかぎり、そのようなものはない」と、密約が存在するという指摘を否定しているので、これが現在の公式見解です。

しかし、もし、両首脳による尖閣諸島棚上げの確認があったと考えれば、こうした日本の態度を中国が面白く思うはずはありません。中国にとって、これは非常に大きな日本の挑発行為に映るでしょう。

国有化を決めて以来エスカレートした尖閣諸島周辺海域の中国艦船の動きは、「密約を交わしておきながら、文書がないという理由でそれを一方的に破るのはけしからん」

という抗議とも受け取れるわけです。

靖国神社参拝の対外的影響

その上さらに、日本は中国を挑発したととられました。**安倍首相の靖国参拝**がそれです。

この靖国参拝が行われる数週間前に、アメリカの国防長官、国務長官の２人が訪日し、わざわざ千鳥ヶ淵の戦没者墓苑を訪れ、献花をして見せました。

これは、安倍首相に対して行動で示した、問わず語りのサインでした。

その心は、「靖国はまずいが、千鳥ヶ淵で献花をすることに対しては、アメリカは支持しますよ」ということでしょう。

それに構わず安倍首相は、靖国神社参拝を断行しました。私自身は安倍首相の行動力は評価していますが、各国には、電撃的ともいえる参拝でした。電撃的という理由は、アメリカ大使館でさえ首相参拝の予定をぎりぎりまで知らされていなかったからです。

だからこそ、ケネディ大使は、「失望した」という異例のコメントを出しました。

私達日本人は私達が選んだ総理がどこの神社に参拝しようと他国にとやかくいわれる筋合いはないと考えます。ましてや、靖国神社は国の為に散った英霊が祀《まつ》られているところです。幕臣末裔《まつえい》の私などは靖国問題とは会津に対する不公平と感じていますが、少なくとも他国にとやかく言われる話ではありません。アメリカ大統領が日本人を殺した第2次世界大戦のアメリカ側戦没者が奉られているアーリントン墓地を訪問することに日本人がとやかく言わないのと同じです。

ところがこれが国際的には、尖閣諸島の国有化よりも大きな挑発行為としてとられます。

戦後、日本が旧連合国と締結したサンフランシスコ講和条約には、「日本は極東軍事裁判の諸判決を受け入れる」という条文が明記されています。これにより国際的には私達の考え方に関わらず、A級戦犯は東京裁判の判決によって刑死した戦争犯罪者であり、「尊い命をお国のために捧げた英霊」ではありません。

そのA級戦犯が合祀《ごうし》された靖国神社に首相が参拝することは、旧連合国にとって、戦後の枠組みへの日本の挑戦と映ります。だからこそ、**「ドイツの首相がヒトラーの墓参りに行ったとしたら、世界はどう思うだろうか」**という批判まで飛び出したわけです。

中国には、これは日本が放った第二の矢に見えることでしょう。尖閣の国有化の次に、靖国参拝のカードが切られたわけです。

もちろん日本側としては熟考した上での一手です。お互いに将棋を指しているのですから、先手が歩を前に進めてきたのに、後手が歩を前に進めないはずがありません。

いまの日中関係を見るかぎり、中国のほうが日本の挑発に乗せられているというほうがより正確といえるでしょう。

そして、ここへきて集団的自衛権の行使容認という第三の矢が放たれました。日本に向ける中国の顔が険しくならないはずはありません。

なぜメディアは反中ナショナリズムを煽るのか？

じつは、アメリカのネオコン勢力は、日本と中国を戦わせ、両国を疲弊させて東アジアの利権を独り占めする戦略的シナリオを、ずいぶん以前から描いています。

ここ10年の日本をとりまく情勢は、いわゆる**アーミテージ・ナイレポート**どおりに変化してきたといえますが、このレポートをとりまとめたハーバード大学の政治学者ジョセフ・ナイ氏は、外交問題評議会が発行する雑誌『フォーリン・アフェアーズ』2010年11月・12月号に、「アメリカンパワーの未来」という論文を発表しています。

それは世界の覇権をどう握りつづけるかという戦略論なのですが、そこにはこう記されています。

「(アメリカは) アジアの緊張を高め、日本は中国の脅威を煽る反中ナショナリズムによってアメリカの計画に埋め込まれ、そのようにコントロールされるだろう」

外交論文とはいえ論文ですから、日本人はそこに社会科学的な内容が記されていると考えるに違いありません。ここで科学的というのは、特定の権力者の意図や作為によらない、自然に世界が変化するメカニズムといっていいかもしれません。

ところが、アメリカの外交論文を一度読んでみるとわかると思いますが、実態はおよそ科学とは程遠いものです。それは、論文という体裁をとりながら、**アメリカが全力で**

追求すべきシナリオになっているのです。

つまり、アメリカの最大利益が実現する未来はこれであるということが書かれ、それを達成するためにすべきことが列挙されます。先ほどのナイ氏の論文からの抜粋でいえば、**「日本に反中ナショナリズムを起こせ」「日本をアメリカの計画に埋め込め」「日本をコントロールせよ」という作戦メニュー**になっているわけです。

アメリカの外交論文がこれほどわかりやすいのは、アメリカが世界で唯一の超大国であり、世界覇権を握っているからでしょう。小国の外交論文であれば、ここまで単純かつ大胆なシナリオは書けません。

その後、ナイ氏は日本の雑誌に**「尖閣をめぐって日中戦争は不可避だ」**と発表し、日中戦争がアメリカの国益になるということを強く匂わせています。

経済的な弱点をいくつも抱えているとはいえ、中国がいずれアメリカのGDPを抜き、世界第1位の経済大国にのし上がると、アメリカの多くの経済専門家が予測しています。

これは断じて許されないと考える勢力がアメリカにいるのは当然です。

明らかに彼らは、日中を戦争に導こうとしています。そうすることで、アメリカが漁

夫の利を得ると踏んでいます。とすれば、日本の反中ナショナリズムの盛り上がりと同様に、中国においても彼らが反日ナショナリズムを煽ろうとしていることは想像に難くないでしょう。

日米安保の「建前」にすがる日本の政治家たち

アーミテージ・ナイレポートやナイ氏の論文がいまひとつ日本人の腑《ふ》に落ちない理由に、**日米安全保障条約の存在**があると思います。

日本が中国と戦争を始めれば、日米安保によってアメリカも参戦することになり、アメリカも無傷ではいられない。そう考える人は多いかもしれませんが、これはじつはとんでもない誤解です。

尖閣が日米安保の対象になるか否か、これは日本の政権にとって長い間の懸念事項でした。

無人島でもあり、実効支配しているとはいえない状態だったため、これまで何人もの閣僚や国会議員がアメリカ詣《もう》でをくり返し、日米安保の範囲内という確約を取るために苦心してきました。

そして、**ついに2010年、ヒラリー・クリントン国務長官から「改めてはっきり言うが、尖閣諸島は日米安保を適用する」という言葉を引き出したわけです。**この認識は、後任のケリー国務長官にも引き継がれました。

それでも、日本はまだ疑っています。オバマ大統領率いる民主党政権は、歴史的に親中国の政策をとってきたからです。

それを心配した安倍首相は、２０１４年に来日したオバマ大統領を新橋のすし屋に連れて行き、こう尋ねました。

「中国が尖閣に攻め込んできたら、アメリカは本当に日本を助けてくれますね」

私はその場にいたわけではありませんから、オバマ大統領がどう答えたか、正確な言葉はわかりません。しかし、大筋で次のような返事をしたと伝えられています。

「心配には及ばない。アメリカは尖閣諸島が日米安保の範囲内だと考えている。その点は、これまで通り何ら変更はない」

だからこそ安倍首相は喜んで、首脳会談後の共同記者会見でこう述べました。

「バラク、あなたは昨夜のおすしを、人生の中で一番おいしかったと評価していただきました。私たちは胸襟《きょうきん》を開いて、一時間半にわたり日本とアメリカの課題、世界の課題について語り合いました。それは日米の絆《きずな》と役割を確認し、日米関係のさらなる可能性について語り合う、非常に充実した時間でありました。私にとっても昨夜のすしがこれまでの人生の中で一番おいしく食べることができたおすしであったということは、間違いありません」

オバマ大統領も、いささか難しい顔をしながらこう述べました。

「日米は協力して、海事問題などの太平洋地域における紛争が、対話によって平和的に解決されるよう呼びかけます。両国は、航行の自由および国際法の尊重などの基本原則を守る立場を共有しています。繰り返しますが、日本の安全保障に関する米国の条約上の義務に疑問の余地はなく、（日米安全保障条約）第5条は尖閣諸島を含む日本の施政下にあるすべての領域に適用されます」

ついに大統領本人の口からお墨付きを得たように見えますが、残念ながらこれは建前なのです。

いくら日米安保条約が適用されるとはいえ、アメリカが日本の戦争に参戦するためには、アメリカ議会の承認を必要とします。いざというときでも、米議会が反対すれば、オバマ大統領がそれを押して軍隊の派遣を決めることはできません。

むしろそれがあるからこそ、クリントン国務長官以来、「尖閣は日米安保の範囲内」とオバマ政権は公言するようになりました。アメリカはおそらく、この点を中国に十分に伝えているはずです。

外交とは、こういうものなのです。

日本と中国が開戦しても米軍は動かない

そのため、**尖閣で日中の交戦が始まっても、アメリカ軍は動けません。**

かりに日中の交戦がはじまると、自衛隊は前線に立ち、人民解放軍にどんどん応戦していくことになります。

尖閣周辺の地域限定戦争になるのか、それとも想定外のことが起こり、エスカレートしていくのか。エスカレートするといっても、いったいどう戦争を拡大させる方法があるのやら。北朝鮮、韓国、ロシアまでもが動くのか、あるいは中国内陸部で少数民族の反乱が起こるのか、あらゆる可能性が考えられます。

アメリカは議会ですったもんだの議論の末に、ようやく重い腰を上げることになるでしょう。とはいえ、議会の承認は簡単に得られないでしょうから、参戦するわけではなく、当面は太平洋における各国民間船舶の航行の安全を図るというくらいのことではないでしょうか。

かりに戦争が長引いて中国に内戦が起これば、そのときは堂々と国連平和維持軍として軍事介入を行うかもしれません。日本も疲弊し尽くすでしょうから、そのときは再占領でしょう。

このアジアの緊張と混乱に乗じて、アメリカはアジアの利権を一気に手中にしていきます。これは私が勝手に推測しているのではなく、これがナイ氏の外交論文にしたためられたシナリオなのです。中国への挑発をつづけ、日本が自ら戦争の道を歩むとしたら、これほどバカバカしい話もありません。

しかし、このアメリカのシナリオに協力する日本の勢力はたくさんいます。

戦争が起こっても、彼らや彼らの子どもが前線に送られることはありません。そればかりか、アメリカに協力して戦争を遂行し、それが終息した暁には、彼らには約束された道が用意されています。戦後の日本で、戦争責任を問われるべき人々が、社会の中枢を占めたように。

だから、ヘイトスピーチを行う集団がなぜか潤沢な資金を持ち、NHKをはじめとするマスコミが中国の脅威を煽り、海上保安庁や警察が辺野古《へのこ》埋め立てに反対する住民を暴力的に排除するということが起こります。国家が良識的な国民に牙をむき始めるわけです。

世界のパワーゲームをこのように俯瞰《ふかん》して、はじめて戦争が起こる理由を把握することができます。

ただし、私がいう「もっと大きな絵」は、こうしたパワーゲームのことではありません。**さらに抽象度の高い視点から戦争を眺めると、そこにもっと大きな絵が隠されてい**

ることに気づきます。

戦争で莫大な利益を得るのは誰か？

アメリカはアジアの緊張と混乱に乗じることで利益を手にすることができますが、戦争が始まることで、その瞬間にアメリカの利益とは比べ物にならないほど莫大な利益を約束される勢力がいます。

ご存知のように、それは**国際金融資本**です。

かりに日本と中国が戦争を始めた場合、戦端を開いた瞬間に、円も元も大暴落します。なぜなら、戦争当事国の通貨で物資を売ってくれる殊勝な国はありません。国際取引に使えない通貨を、欲しいと思う人は誰もいないでしょう。

では、日本と中国は何をもって戦費とするのか。

それは金か、金に裏づけられた通貨しかありません。

ただし、金本位制が終わって久しい現在、世界の通貨はすべて不換紙幣になり、通貨発行国の信用で成り立っていますから、日中戦争を遂行する日本と中国が使うことのできる通貨といえば、現実的には信用力で**米ドル**ということになるでしょう。

このため両国は、戦費として莫大な米ドルを調達する必要に迫られますが、円や元に価値はないのですから、それと引き換えに米ドルを手に入れられるわけではありません。**戦費として必要な巨額の米ドルは、すべて借金になるわけです。**

これほど巨額のお金を貸し付けられる機会は、滅多にあるものではありません。

しかも、**日中が必要とする戦費の貸し付け能力を持つのは、国際金融資本だけです。**

かりに日本が負ければ、彼らは日本の資産をタダ同然に持っていくことができます。逆に中国が負ければ、資産を押さえると同時に、それ以降の中国の金融をすべて牛耳ることができるでしょう。その意味は、中国の国民13億人から、延々と利益を吸い上げつづけていけるということです。

また、敗戦国だけでなく戦勝国からも、貸付金の莫大な金利をとることができます。いずれの国も、戦争による大量破壊からの復興の過程で、大変な需要が喚起されます。産めよ増やせよのベビーブームも、意図的に起こされるに違いありません。

戦争の結末がどうあろうとも、彼らのところにはすさまじい利益が転がり込みます。

彼らにしてみれば、戦争ほどスケールの大きな儲け話はないわけです。

今後予想される破滅的なシナリオ

世界のパワーゲームによって戦争が起こるのは事実ですが、過去の歴史が示すのは、戦争を起こす本当の黒幕は、ヨーロッパを中心とした大銀行家ということです。

歴史を振り返ると、19世紀までは、国家間で行われる戦争は主にヨーロッパに限定されていました。そして20世紀になると、その範囲はアジアや中東を巻き込んで世界的に拡大していきました。

戦争地図の変遷を歴史的に眺めていくと、つねにヨーロッパの大銀行家の支配圏で戦争が起こっていることがわかります。彼らの支配の届いていないところでは、一方的な侵略と植民地化の波が起こったにすぎません。

ヨーロッパの大銀行家の支配圏の拡大は、世界の拡大そのものでした。後に詳しく述べますが、最初、支配圏を拡大する方法は、一国の通貨を牛耳ることで行われました。そうやって一つひとつ、勢力範囲を拡大していったわけです。

彼らにとっては、支配圏こそが世界そのものでした。

そして、その世界の拡大とともに、戦争のグローバル化と呼ぶべき状況が生まれました。

アジアや中東に近代国家が生まれ、世界が広がると、そこで近代的な戦争が起こりました。効率的な殺人兵器を装備して、どこに自国民をこれほど犠牲にする理由があるのか理解できないような戦争が、あちこちで起こるようになります。

それは、その昔に行われた部族間の領土争いや財宝の奪い合いとは似ても似つかぬ戦争で、結果的にはつねに大量殺戮《さつりく》と大量破壊に帰結しました。

戦争に勝った国の国民が豊かになるかといえば、けっしてそうではなく、儲かるのはヨーロッパの大銀行家が所有する多国籍企業だけです。

そのため、戦勝国の国民の間でも不満が広がりました。

どんな国の国民も、自足さえしていれば戦争をしたいという考えは起こりません。好戦的といわれるアメリカ人にさえも、ふだんはつねに厭戦《えんせん》気分が充満しています。彼らは痛い目にさんざん遭って、知っているのです。戦争をしても、ひとつもいいことはない、と。

それでも戦争が起こるのは、支配者がそれを仕向けているからです。それは、**支配圏に存在する国家同士を争わせることこそが、彼らが営々とつづけてきたビジネスであり、莫大な利益の源泉**だからです。

この構図は、いまも変わりません。

そして、いま彼らは、それを欲しています。

なぜなら、**どんなにいいビジネスでも、以前ほど儲からなくなっている**からです。

エコノミストの水野和夫氏が指摘するように、先進国は現在、いずれの国も歴史的な低金利状態にあります。金利というのはほぼ資本利益率に一致しますから、いくら資本を投下しても利潤を得ることができない状態に陥っているのです。

水野氏は、これをもって資本主義の終焉《しゅうえん》が近づいていると主張していますが、私は必ずしもそうは思いません。国際金融資本が、通貨による世界支配と利益を手放すはずはないからです。

私には、彼らがこれまで以上に破滅的な戦争を準備しているのではないかという予感があります。

そして、少なくとも日本とアメリカは、そのシナリオに沿って動いています。

その意味で、彼らが歴史的に何をしてきたかを知ることが、日本人が生き方を選択する上で、非常に重要になるのではないでしょうか。

第2章

クロムウェルは
なぜ戦争を起こしたか

国王による支配を打ち破ったクロムウェル

「私は、自分が何のために戦っているかを知り、自分が知るところのものを愛する粗末な朽葉色の服を着た隊長を、大事と思う。いわゆる紳士と称するだけで、それ以上の何ものでもない人よりも」

1640年に絶対王政の打倒に立ち上がり、イングランド革命を主導したオリバー・クロムウェルは、このような言葉を残したと伝えられています。

イングランド革命は、王政復古という国王派による巻き返しがあったものの、1688年の名誉革命で大団円を迎えます。名誉革命によって、イングランドでは憲法「権利の章典」が制定され、王位に対する議会の優位を決定し、議会政治の基礎を築きました。

このとき、クロムウェルはすでにこの世の人ではありませんでした。

しかし、**彼の反逆が現代イギリスの立憲君主制、議会制民主主義の礎となったことは、**

いまや歴史の定説になっています。

クロムウェルの内面を知る手掛かりはほとんど残されていませんが、彼の言葉は、強く、思慮深く、面倒見のよいリーダー像を想起させます。偉人の人物像というのは、ほんのわずかに残された名言によって、後世の人々の見方が決定づけられてしまいます。

なぜクロムウェルは国王に反旗を翻したのか。

それは、すべての実権を握る国王から、国民の権利を取り戻すことでした。

1628年、イングランド国王チャールズ1世は、「課税には議会の承認を得ることを求める」という請願を提出した議会と対立しました。そして、翌年には議会を解散し、指導者たちを投獄、専制政治を敷きました。

専制政治という言葉を知っていても、それがどんなにひどいものか実感できる人は、この現代にそう多くはいないでしょう。

オリバー・クロムウェル（1599 - 1658）
イングランド共和国初代護国卿

あらゆることが国王の一存で決まるわけですが、国王が何をどう決めるのか、国民にはさっぱりわかりません。議会が召集されませんから、国が抱える課題や問題がテーブルの上に並べられることもなく、国民の耳に入ってこないのです。

ごく簡単にいえば、都合の悪いことはいっさい下々に明かさない秘密主義のようなものです。

そのチャールズ1世が、あるとき急に議会を召集しました。なんと11年ぶりに議会が開かれたわけです。

ときあたかも、神聖ローマ帝国を中心とするカトリック同盟と、フランス、イギリス、スウェーデン、ノルウェーなどのプロテスタント同盟が戦った30年戦争に決着がついたばかりでした。イギリスに帰国した国王、**チャールズ1世は、使い果たした戦費の穴を**

チャールズ1世（1600 - 1649）
イギリス・スチュアート朝の国王。
在位 1625 ～ 49 年。

埋めるために、議会に増税を承認させようとしたのです。

国王と議会は再び対立し、そこで立ち上がったのがクロムウェルでした。彼は、議会軍を組織し、国王軍に立ち向かうことになります。

戦いの火ぶたが切られた当初、議会軍は劣勢でした。

国王軍には訓練を積み、実戦経験のある者がたくさんいました。いっぽうの議会軍は民兵を中心とする混成部隊で、昨日まで召使いや給仕をしていたような人間が多数を占めていました。武器も劣っています。

それでもクロムウェルは、この戦いを戦い抜かなければなりませんでした。冒頭の名言は、そのような状況に身を置いた彼の人間性をよくあらわすものとして、イギリスで語り継がれているわけです。

クロムウェルによるチャールズ1世の公開処刑

議会軍に劣勢を撥《は》ね退《の》けるきっかけをつくったのは、クロムウェルが組織した鉄騎隊

でした。

鉄騎隊といっても、鉄の鎧《よろい》で重装備した騎馬隊のことではありません。これは、信仰心の強いピューリタンを中心に編成した騎兵隊のニックネーム。**要するに、鉄の信念を持つ反カトリック信徒部隊です。**

ご存知のように、イングランド内戦は、その前期にはピューリタンたちによる国教改革運動という側面を持っていました。

彼らは、チャールズ1世が唱える王権神授説（王や皇帝が神からその権力を与えられたという考え）には根拠がないと考え、「王は聖書の教えに帰れ」と主張していました。聖書を忠実に解釈しようとする彼らは、カトリックとは違って、三位一体（キリスト教において「父」と「子」と「聖霊（聖神）」が「一体（唯一の神）」であるとする教え）も教会の存在も信じていませんでした。

そういう聖書原理主義の信徒たちだけを集めて、部隊が編成されたわけです。

鉄騎隊では、飲酒、暴力、暴言、不信仰が禁止されていました。

また、面白いことに鉄騎隊では、良家の子弟のみを指揮官に抜擢《ばってき》するという、当時の当たり前のルールを適用しませんでした。出自に関係なく、実力本位、人物本位で指揮官が選ばれました。

その戦いぶりは、現代の宗教原理主義者たちの戦いぶりとほとんど変わらなかったのではないでしょうか。彼らが命知らずのすさまじい戦闘をくり広げたことによって、国王軍は肝を冷やし、クロムウェルは失地を挽回《ばんかい》していくわけです。

この成功に気をよくした彼は、議会軍をニューモデル軍と呼ばれるまったく新しい軍隊に改編します。

ニューモデル軍とは、ピューリタニズムを精神的な支柱とし、組織に伝統的な社会階層のヒエラルキーを持ち込むことを否定した、革命的な編成による軍隊のことです。鉄騎隊がそうであったように、ニューモデル軍では靴屋や馬車引きが貴族と並んで部隊長を務めました。

この新型の軍隊は、国王軍を次第に追い詰めていきます。それはそうでしょう。ニューモデル軍の兵士たちの意識は、打算や妥協とは無縁の聖戦を戦っていました。原理主義をエンジンにする軍隊に損得勘定をエンジンにする軍隊が気圧《けお》されるのは、当然のことです。

クロムウェルの軍隊は、やがて投降を余儀なくされたチャールズ1世の捕獲に成功します。そして、国王を裁判にかけ、ついに1649年、チャールズ1世を公開処刑にふすのです。

クロムウェルのこうした業績を知ると、みなさんは、「正義感が強く、非常に進歩的な考えを持った人物だったのだな」と思うに違いありません。

たしかに、慣習にとらわれない大胆な人物であり、民主主義を強く希求した、とはいえそうです。何といっても、国王を捕え、国民の前で処刑して、革命を起こしてしまったわけですから。

クロムウェルは護国卿（護民官）として軍事独裁政治を行いますが、議会による国王就任の要請を拒んでいます。**国民的な人気も高かったことがうかがえます。**

ただ、彼が「粗末な朽葉色の服を着た」イングランド国民のために国王を倒したのか

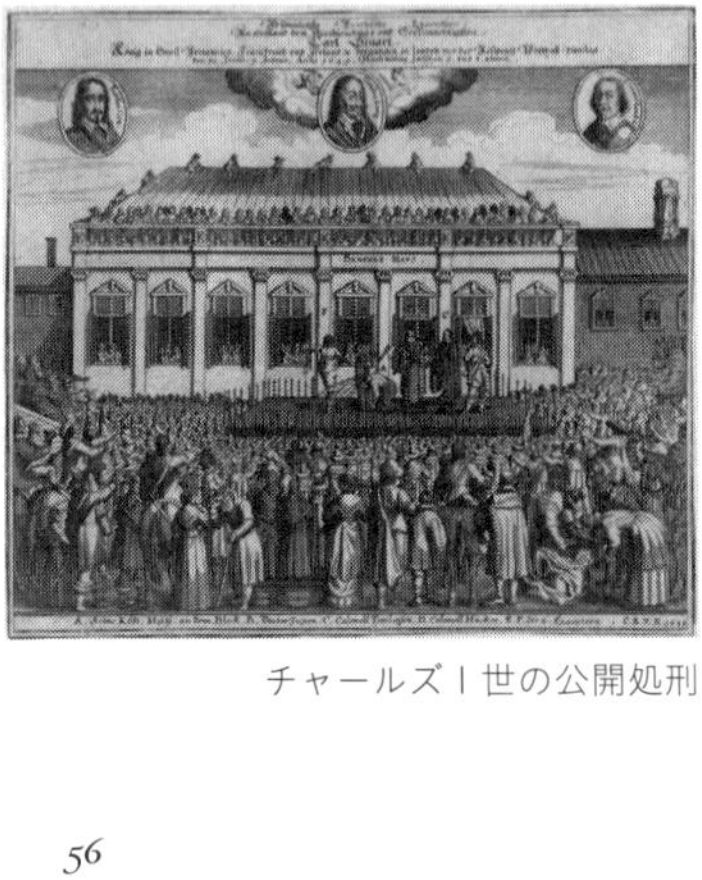
チャールズＩ世の公開処刑

といえば、そうではありません。**当時の資料を手繰っていくと、彼には裏の顔があったのです。**

謎の暴動集団が突如現れてロンドンを荒らす

じつはクロムウェルは、最初から革命を起こすつもりで、そのチャンスを虎視眈々《こしたんたん》とうかがっていたフシがあります。

国王に反逆するわけですから、しくじれば自分の命はないし、罪がどこに及ぶかもわかりません。負けるわけにはいかない戦いですから、彼は密かに、周到な準備を整えていました。

その一端を示すのが、当時のロンドンを荒らした得体のしれない民兵の存在です。

彼らは労働者として、ロンドンのシティにいつの間にか潜り込んでいました。

そして、クロムウェルがチャールズ1世打倒の烽火《のろし》をあげると同時に、突如シティから飛び出し、暴動をくり広げました。彼らはみな、短剣や棍棒《こんぼう》を所持し、手慣れた様子で街を荒らし、鎮圧にきた国王軍と交戦する、屈強のならず者でした。

このことは、ユダヤ人の作家、アイザック・ディズレーリが1851年に上梓《じょうし》した『Commentaries on the Life and Reign of Charles the First, King of England（イングランド王チャールズ1世の生涯）』の中で記しています。

一般にクロムウェルの軍隊といえば、ニューモデル軍のみと思い込んでしまいますが、それは間違いで、別働隊が存在していたのです。

ディズレーリは、その数をざっと1万人と記しています。そのころの1万の軍勢といえば相当なものです。しかも、国王軍との戦闘がつづくにつれ、その数はどんどん増えていきました。ディズレーリは、最終的に3万人に上ったと書いています。

彼らの正体は何だったのかといえば、ドーバー海峡を渡って入国した傭兵《ようへい》でした。イングランド革命を戦ったのは、暴言や飲酒などを禁じられた信仰心の深いピューリタンだけではなかったわけです。

それにしても、3万人もの傭兵を何年にもわたって使うためには、莫大な金を必要とします。クロムウェルは地主階級の出身者にすぎませんが、どういうわけか、それだけの資金を手当てしているのです。

いったいその金は、どこからきたのか。

答えは簡単です。**ヨーロッパの大銀行家たち**が資金提供したのです。

彼らは、何のために、そうまでしてクロムウェルを動かしたのか。この問題に対する答えこそが、世界で数々の戦争が行われてきた理由です。

350年続いたユダヤ人追放令

ヨーロッパでは13世紀ごろから、ユダヤ人に対する迫害が起こります。

その発端は、カトリック教会代表が集った第4ラテラン公会議でした。開催されたのは、1215年のことです。

このとき、ユダヤ人に対する4つの重要な事項が決定されました。

ひとつは、ユダヤ人に対して、一目でそれとわかる身なりを義務づけること。次に、ユダヤ人の通商活動を制限すること。また、ユダヤ人がキリスト教徒を使用人として雇うことを禁止すること。最後に、ユダヤ教徒がキリスト教徒の女性を家庭や組織に雇い入れることを禁止すること。この4つです。

なぜこんな政策が必要だったのか。

当時のヨーロッパの経済界でユダヤ人がきわめて傑出していたからです。

イングランドにおいても、この事情は同じでした。

そこでイングランドも1275年に、ユダヤ人指導者に貸金業を営むことを禁止しました。その後、1290年にはユダヤ人追放令が発布され、国外追放を行いました。

以来350年間、イングランドはユダヤ人の居住を認めませんでした。この追放令解除を行ったのが、クロムウェルです。1657年のことでした。この決定により、オランダをはじめヨーロッパ中のユダヤ人がロンドンにも帰還することになります。

このことから、クロムウェルの背後にユダヤ人がいたとするような反ユダヤ的な記述を見かけることがありますが、これは因果関係が逆です。クロムウェルに資金提供したのは、大量の金を所有していた金本位の大銀行家たちであり、彼らは特定の民族や宗教の人たちではありません。

ユダヤ人は、紀元1世紀のいわゆるユダヤ戦争でローマ帝国にエルサレムを陥落されてから、1948年の現イスラエル建国まで、2000年近く国を持たない民族であったため、ヨーロッパ中で迫害され、また、定住を前提とできない流浪の民であったため、知識や技術など無形の財産を保持したのであり、金本位の銀行家の考え方は彼らの文化と異なります。

大銀行家たちがクロムウェルに資金提供した狙い

当時のオランダは、ヨーロッパの海上交通の要衝でした。地理的には、地中海とバルト海を結ぶだけでなく、イングランドへも近接しています。そのため商工業が盛んで、いち早く重商主義が芽生えました。

オランダは、無敵艦隊で名を馳《は》せたスペインからの独立を勝ち取ると、たちまちヨーロッパの中心国になりました。

このことは、日本にやってくる外国船があるときを境に、スペインやポルトガルの艦船からオランダの商船に変わったことがよく示しています。江戸の学者たちは、我先に蘭学を学んで立身出世を夢見ました。江戸期の日本人は、決して狭い視野で世界を眺めていたわけではなく、世界のすう勢をよく知っていました。

当時のアムステルダムは、どのようなところだったのか。

それはレンブラントの有名な『夜警』という作品が、きわめて雄弁に伝えています。

この作品に描かれている人物たちは、みな当時のアムステルダムに実在した名もなき商工業者です。わが町を守る自警団の面々が、それぞれにポケットマネーを持ち寄って、人気画家のレンブラントに自分たちの記念の肖像画を描かせました。制作年は1642年。日本でいえば3代将軍家光の時代に、アムステルダムの市民は自由を謳歌《おうか》し、経済的にも抜きん出て豊かだったわけです。

レンブラントの作品「夜警」
現在はアムステルダム国立美術館に展示

商業が盛んなアムステルダムは、もちろん銀行家たちにとっても居心地のいい場所でした。ある意味で、地中海貿易の中心地ベニスよりもビジネス環境はよく、彼らは富を蓄えることができたに違いありません。

そんな彼らが、計画の手始めとして、クロムウェルに資金を提供しました。

銀行家たちは、アムステルダムの自由な気風にならって、イングランドもそうあるべきだと考えたわけではありません。もちろん、イングランドの商工業者のために、封建的な王政の打倒と民権の確立を望んだわけでもありません。

民権の確立というと、私たちはすぐに抑圧された非支配階級の解放や、機会の平等主義を連想します。万人が自由に伸び伸びと仕事に勤しむことができてこそ、社会経済の発展があるのだ、とステレオタイプの理想を思い浮かべるわけです。

しかし、彼らはそんなことにはまるで無頓着《むとんちゃく》です。じっさいクロムウェルも、自ら火をつけた王政打倒の戦いが急進的な平等主義者たちの権利拡大運動に飛び火すると、すぐさま彼らを弾圧する側に回っています。

封建主義が一気に平等主義、民主主義に移行することはないという解釈もあるでしょうが、社会進化論的な見方に立つかぎり、現代につづくヨーロッパの大銀行家たちの考えは、それこそいつまでたっても理解できません。彼らの狙いは、あくまでも自分たちが通貨発行権を掌握し、その巨大利権を決して手離さないためのあらゆる経済・政治的手法を行使することです。

国際金融資本が目論んだイングランド革命の真の目的

では、彼らがイングランド革命に寄せた、本当の狙いは何だったのか。

その後の展開を追っていくと、はっきりしていきます。

名誉革命へと時計の針が刻まれる間、イングランドは3度にわたってオランダと戦争を行っています。第1次戦争はクロムウェルが、第2次は王政復古によって復権したチャールズ2世が、そして第3次はチャールズ2世の息子、ジェームズ2世が指揮をとっています。

イングランドは第3次戦争後、オランダと本格的な和睦《わぼく》を図ろうとし、ジェームズ2

世は、ヨーク公（チャールズ2世の弟）の娘メアリー2世をオランダ総督ウィレム3世に嫁がせます。

イングランドの名誉革命は、このオランダ総督ウィレム3世によってもたらされました。じつは名誉革命は、ジェームズ2世のカトリック専制政治に不満を抱くイングランドの貴族と政治家たちが、ウィレム3世との謀議の末に起こしたクーデターなのです。

ウィレム3世はジェームズ2世の甥《おい》に当たりますが、出自はドイツ中西部の王家であるオラニエ＝ナッサウ家。これは、現在もつづいているオランダ王家です。

遠征軍を引き連れてイングランドに上陸したウィレム3世は、「これはイングランド国民の権利を回復するための戦いである」と書かれた大量の宣伝ビラを配布しました。王政に不満だらけだったイングランド国民はそれを支持し、イングランド軍人の中にさえ王の

イングランド銀行

命令に従わない者が出てきました。イングランドは混乱に包まれ、ジェームズ2世はフランスに敗走、亡命し、二度と復権することはありませんでした。

そして、ウィレム3世（イングランドではウィリアム3世）がイングランド王位に就いて実現したことといえば、**1694年のイングランド銀行の設立**です。ご存知のとおり、イギリスの中央銀行です。

イングランド銀行は私企業であり、資本金はイングランド王家が20％、残り80％を複数の個人銀行家が押さえました。

彼らがイングランドで手に入れたかったものは、まさにこれでした。

イングランド銀行設立で彼らがすっぽりと手中に収めたもの

イングランド銀行設立の目的は、政府が発行する国債を一元的に引き受けることです。「引き受ける」といっても中央銀行がすることは、単に紙幣を印刷するだけです。通貨発行権を掌握するとは、そういうことです。これは現在の日銀も全く同じです。つまり、戦争の拡大とともに膨らむ戦費を、通貨を印刷するだけで金利付きで政府に貸し付けることです。その金利をもらって運営するわけですから、戦争費用が膨らめば膨らむほど利益が増えていきます。

銀行家たちは、このようにしてイングランドの通貨発行権と信用創造権を手に入れました。

中央銀行の成立史では、スウェーデン国立銀行（1668年設立）が最初の中央銀行であり、イングランド銀行は2番目だったとされますが、スウェーデン国立銀行ははじめ、紙幣の発行を許されていませんでした。議会がそれを許可したのは1701年のことです。**その意味でイングランド銀行は、通貨発行と信用創造の2つの権利を兼ね備えた世界初の巨大銀行でした。**

そこでは、もはや自らの金準備の過不足を気にする必要もありませんでした。イングランドの信用さえ失墜しなければ、あり余るほど紙幣をばらまいたところで、銀行に金の備蓄が本当にあるかどうか心配する人はいないからです。

また万が一、信用が失墜して紙幣が紙くずになったとしても、そのときは国民に過酷な負担を背負わせてしまえばよく、自分たちの儲けからは何一つ取り崩す必要がありません。

1694年は、ヨーロッパの大銀行家が金準備の何倍もの紙幣を、国家規模で発行し、莫大な金利収入を得るシステムを我が物にした瞬間だったといわなければなりません。

このように絵解きをしてみると、ピューリタン革命から名誉革命につづく一連のイングランド内戦は、国王対ヨーロッパの大銀行家の戦いだったということができます。

彼らが資金援助を行ったクロムウェルは、ヨーロッパの大銀行家の単なるコマのひとつにすぎませんでした。彼は、59歳という若さであっけなく亡くなりました。役目を終えた人間が消されたと考えるのは、私だけでしょうか。

フランスも国際金融資本の手に落ちる

その後のヨーロッパ史を眺めると、イングランド銀行設立の歴史的プロセスときわめてよく似た状況がフランスにおいて起こっています。

それは、1762年に公刊されたジャン・ジャック・ルソーの『社会契約論』に端を発する民衆の権利意識の高まり。1789年のフランス革命による絶対王政の打倒。そして、1803年にパリの発券銀行となったフランス銀行の設立。この一連のプロセスです。

面白いことに、フランス革命はイングランド革命との共通点が多く、クロムウェルによる国王との戦いの二番煎《せん》じということができます。

たとえば、1789年のバスティーユ監獄襲撃事件の直前から、パリにはイングランド内戦初期のシティを彷彿《ほうふつ》とさせる、得体のしれない労働者たちの暴動が目立っていました。彼らは短剣や棍棒を携行し、やはり喧嘩《けんか》慣れした身のこなしの男たちでした。

また、王政打倒に向かったのは、統制の弱い市民軍のほかに、義勇兵の参加がありました。義勇兵は主にフランス社会の下層階級者で、彼らの指揮官もまた同じ階級の出身者でした。それがいくつもの隊列を組み、貴族が指揮を執るフランス軍と戦い、それを打ち負かしました。

これは、クロムウェルのニューモデル軍とそっくりです。

また、元ＭＩ６諜報員の著述家、ジョン・コールマン氏は、フランス革命を主導したジャコバン派の資金提供者はイギリスの**シェルバーン伯爵**だったと指摘しています。シェルバーン家といえば、イギリスフリーメーソンの有力一族で、ヨーロッパの金融界に隠然たる影響力を持っているといわれています。

とすれば、フランス革命は、クロムウェルのイングランド内戦をお手本に、イングランドの資金によって主導された公算が高いのではないでしょうか。

シェルバーン伯爵（1737 - 1805）

そもそもルソーの『社会契約論』によってフランス市民の権利意識が高揚したこと自体、どことなく辻褄が合いません。

『社会契約論』は、たしかに新興ブルジョワジーの心を動かしたでしょうが、それが大衆一般の権利意識を呼び覚ますに至るには、何らかの仕掛けが必要です。**単純な話、何**

者かが「君もそうは思わないか。『社会契約論』にはこう書いてある……」と、大衆を強烈にオルグしたはずです。誰がオルグしたのかといえば、フランス革命を望んだ黒幕たちに決まっています。

そして、ジャコバン派の中心人物で、山岳派を率いた革命家、**ロベスピエール**は、やはり36歳という若さで亡くなっています。彼の場合は、ジャコバン独裁ですさまじい恐怖政治を行ったことがクーデターに発展し、ギロチンにかけられたわけですが。

設立されたフランス銀行の株式は、イングランド銀行の場合と全く同じ比率の80%をヨーロッパの大銀行家たちに握られていました。

ここでも彼らは通貨発行権と信用創造権を手に入れ、労せずして国家規模の莫大な金利収入をえるシステムを手中にします。

マクシミリアン・ロベスピエール（1758 - 1794）
フランス革命期の政治家で、史上初のテロリスト。

余談ですが、ロベスピエールは端正な顔立ちをした好男子でしたが、後年、法医学者が彼のデスマスクを調べたところ、そこに病的なあばたの存在を認めました。目つきも肖像画とは似ても似つかないほど陰湿なものでした。

そのため、毒をもられていたのではないかと推測する人もいます。つまり、彼が行った粛清に次ぐ粛清の恐怖政治は、毒物による精神錯乱が原因だったのではないかということです。

真偽のほどはわかりませんが、体制転覆の背景には、必ずといえるほど大きな闇《やみ》が隠されているものです。

戊辰戦争とヨーロッパ銀行家の怪しげな関係

さて、ここまで紹介した以上は、もうひとつの身近な例を多少なりともつけ加えないわけにはいかないでしょう。

それは、**日本に明治維新を導いた長州戦争ならびに戊辰《ぼしん》戦争**です。

じつは、１８６４年から始まる長州戦争から１８６８年からの戊辰戦争の流れも、クロムウェルのイングランド内戦をひな型にして周到に計画されたのではないかと疑うだけの十分な材料があります。

そのひとつは、資金源。

薩州や長州で倒幕運動が活発化し、戊辰戦争に至るまでの膨大な戦費は、イギリスの銀行家が提供していたとみられます。いっぽう、幕府は幕府で、フランスの銀行家からそれを受けていたと考えられます。

このように書くと、戊辰戦争がイギリスとフランスの代理戦争だったかのように見えますが、そうではありません。当時イギリスは第１次産業革命のさなかで、「世界の工場」と呼ばれ、世界中に綿製品などを輸出していました。幕府が買っていたのも当初は綿製品でした（後に武器が主になっていきます）。つまり輸出でお金を稼いでいる国でしたが、イギリス国家そのものは度重なる戦争による破産状態で、戦費を銀行家から借りている借金国家でした。

ですから、薩長にお金を貸していたのは、イギリス政府ではなく、イギリスの銀行です。フランスもまったく同じ状態で、幕府にお金を貸していたのはフランスの銀行です。もちろん、フランスもイギリスも銀行の株主は同じ人たちです。

文久3年（1863年）に長州は関門海峡を通過する外国艦を砲撃しますが、アメリカやフランスの軍艦に報復されて敗れます。また、元治元年（1864年）には、イギリス・アメリカ・フランス・オランダの混合艦隊に砲撃され、下関にまで上陸されます。この講和交渉に高杉晋作が派遣され、300万ドルという賠償金が決まります。もちろん長州には支払い能力がなく、幕府が代わりに支払うことを受け入れます。

300万ドルは幕府にとっても支払うことができる金額ではありません。当時の1ドル3分（4分で1両）というレートでは、200万両を超え、当時の幕府の恒常収入の合計は180万両程度ですから、現在でいえば100兆円の賠償請求です。もちろんそれだけの外貨準備はありません。長州が行った砲撃の肩代わりを幕府が受け入れた背景には、フランスの銀行が貸し付けを申し出たからと考えるのが自然です。

というよりは、もともと幕府に年間予算規模の借金を負わせることを狙って、4カ国の連合軍が下関を砲撃し、上陸したものと考えるべきでしょう。そう考えると、最初に長州の一部の人物たちが、関門海峡で外国船を砲撃したところから仕組まれていたと読むべきでしょう。

類似点のもうひとつは、戊辰戦争にいたるまでの倒幕運動に数多くの下級士族が参加していたことです。司馬遼太郎によって、昭和の時代に突然ヒーローと見出された**坂本竜馬**も、ご存じのようにその一人です。ちなみに、幕末の出来事を詳細に記述した明治天皇の外祖父・中山忠能《ただやす》権大納言の『中山忠能日記』や『中山忠能履歴資料』に坂本竜馬の記述はまったくありません。

彼らは、脱藩という天下の重罪を犯してまで京に出て潜伏し、隙《すき》あらば敵対する浪士を殺傷し合うなど暴動をくり返しました。これは、イングランド内戦やフランス革命のさいに、どこからともなく現われた得体のしれない民兵たちの存在を想起させます。

日本の小説やテレビドラマは、彼らをさも国家の未来を憂える若獅子《わかじし》の群れであるかのように描いてきましたが、実態は必ずしもそうではないように見えます。むしろ、**「世相の混乱を演出するために京の町に送られた傭兵」**というほうがぴたりときます。

彼らとて人間ですから、雨露をしのぐ宿がいるし、日々の食事代や酒代も必要だったでしょう。**これら文無しの脱藩浪士たちに、いったい誰が資金を提供していたのか。**その出所をたどっていけば、倒幕をもくろむ諸侯の背景にいた、ヨーロッパの銀行家に行きつくに違いありません。

また、高杉晋作の奇兵隊も実態は同様だったようです。町の地蔵の首を切ったり、無銭飲食する輩などがかなりいたようです。ちなみに5000人以上いたとされる奇兵隊や御楯隊、遊撃軍などの諸隊の資金の出所は、一切の記録が残されていません。

坂本竜馬の新政府綱領八策にみられる民主的な国家統治の視点は、イングランドやフランスの革命においても、改革の要諦《ようてい》とされた内容です。これは、竜馬に、おそらくグラバー（幕末に活躍したスコットランド出身のイギリスの武器商人・実業家）達がレクチャーした知識をもとにしたものでしょう。**議会政治を実現し、王から通貨発行権をもぎ取らなければ、いくら中央銀行の設立にこぎつけても、ヨーロッパの大銀行家が貸した戦費を回収し、さらに巨額の利益を独占することはできないからです。**

戊辰戦争で暗躍した奇兵隊とは?

そして、気持ちが悪いほど似ているのは、**長州が組織したとされる萩藩の高杉晋作で有名な奇兵隊の存在**です。

奇兵隊もまた、身分差別を根本的に否定した軍事組織です。その指揮官も兵隊も、下級士族にさえ属さない平民出身者でした。

当時の平民の暮らしぶりを考えると、これはかなり不思議なことです。

江戸期の日本では、飢饉《ききん》のさいの過酷な年貢の取り立てに反抗して百姓一揆《いっき》を起こす以外に、平民はお上に逆らうということがありませんでした。

理由のひとつは、きれいに住み分けができていたからです。

平民は、刀も基本的人権もない代わりに、特別な理由がないかぎり権力によって厳しく弾圧されるということがありませんでした。

理由のもうひとつは、税の取り立てという面において、日本はヨーロッパに比べて、より穏やかだったことが挙げられます。農民を除けば、納税の義務すらなかったからです。江戸期の為政者は、農地以外に税金をかけるという発想がなく、所得税も相続税も何もありませんでした。

また、最大人口であった農民も、伝えられるほど食うや食わずの生活をしていたとはいえません。

それは、里山の歴史を見れば、想像することができます。原野を開墾し、畦《あぜ》をこしらえて水田をつくり、灌漑《かんがい》用の水路を整えるといった豊かな里山の風景が日本中に広がったのは、江戸時代のことです。農地の拡大による収量増（年貢を決めるための検地は毎年行われるものではなかった）と、それによる農民の生活向上が実現していなければ、里山の風景の広がりは起こりようがありません。

江戸期の平民は、文字どおり自足していました。ふだんの生活をする上で、お上に逆らわなければならないようなことは、これといって何もなかったのです。

幕末の平民はそのほとんどが、薩長と幕府の戦争に対しても、好奇心以外の関心を払ってはいませんでした。**このような平民が、いくら藩主の命令があったからといって、**

「幕府を倒さなければならない」と大それた行動に向かうものでしょうか。

明治維新を支えたのは被差別民だった

ところが、薩摩と長州の平民だけが、江戸期の平民らしからぬ態度をとります。民権意識を持っていたわけでもないのに、なぜか幕府軍との交戦の最前列に立つことを買って出るわけです。

とすれば、何者かが事前に民権教育を行っていたか、あるいは十分な報酬が用意されていたか、奇兵隊という〝ニューモデル軍〟が誕生した背景は二つに一つです。

萩藩の記録によると、士族以外の身分出身者が大半であった奇兵隊には被差別民を中心に集めた部隊も存在していました。彼らは果敢に立ち向かい、華々しい戦果を上げたとされています。

これは、**「被差別階級の解放のための倒幕」**という教育が行われたことを、十分に想像させる事実です。

とはいえ、封建的な思想に凝り固まっている薩州、長州のどこに、そんな進歩的な考えを広めることのできる人物がいたでしょうか。藩士といわれる武士たちはみな、身分差別を肯定し、それによって君臨する藩主の使用人にすぎませんから、かりに彼らがオルグを行ったとしても、その言葉が平民の心に響くとは思えません。

いたとすれば、外国人か、彼らの配下として動いていた脱藩浪士でしょう。長崎のグラバーをはじめ、幕末に暗躍した外国人たちには、彼らの意を汲《く》んで働く浪士たちがたくさんついていていました。彼らが身分制度の不公平を説き、志願兵を募ったというのは十分にありうる話です。

また、長崎のプロテスタント宣教師フルベッキの下では、200人以上の薩摩藩士に交じって、坂本竜馬の海援隊士や陸援隊の中岡慎太郎が学んでいたことも記録に残っています。身分制度の否定を宣教師から学んだことも間違いないはずです。

奇兵隊を組織した高杉晋作の師であった吉田松陰も、若き日の長崎遊学時に外国人達と接点を持った可能性は高いでしょう。

ただし、萩藩では藩主世子《せいし》の側近まで務めた藩士であった高杉晋作自身は、下級武士や農民を「戦力」として加えても、封建的身分制度が崩れることは嫌っていたと伝わっています。

商圏拡大を目論む商人と平等を説く宣教師、どこからともなく現れ、市中を騒がせたり、敵側を挑発する数千人から数万人規模の傭兵部隊、そして背後に銀行家という図表を読みとれば、これはイングランドで、またフランスで演じられたシナリオどおりです。そして、その後の展開も、イングランドやフランスと同じ道をたどりました。

こうしてみると、長州の農民出身の伊藤博文らが、高杉晋作隊長以下、江戸・品川御殿山のイギリス領事館を焼き討ちしたのも、長州のならず者たちが外国船を砲撃したのと同様、最初からシナリオがあったものと読めます。

戊辰戦争が決着すると、日本は明治維新を迎え、その13年後の1882年に日本銀行が設立されています。その日本銀行は半官半民の出資で設立され、当然民間部分はその設立当初から国際金融資本の影響下にあったと考えられます。ヨーロッパの銀行家は、戊辰戦争を導くことによって、日本の通貨発行権をきれいに手に入れているのです。

日本銀行の株主構成の闇

中央銀行制度は、国民をさく取するための壮大な装置ということができます。

たとえば、いま財布に入っている一万円札。みなさんは、このお金は自分が稼いだ自分のお金だと思っているはずです。

ところが、これは考え違いです。日本銀行を設立したときから今日に至るまで、日本政府は日本人が必要とするお金を日銀から借りてきました。いま、財布に入っているお札の金額、金融機関に預金している金額は、すべてみなさんの借金なのです。

その証拠に、日本政府は日銀に金利を払いつづけています。市中に供給されているお金、いわゆるマネーサプライは、すべて国債と引き換えになっていますから、日本人は国債の表面金利を日銀に支払わなければならないわけです。

かりに日本銀行券が政府発行の政府紙幣であったなら、それは借金ではありませんから、日本人が金利を支払う必要はありません。ところが、政府が通貨発行権を持つべきだという議論は、どういうわけか一度も起こりません。

日銀の株式は法律により55％を政府が持っています。45％は民間です。資本金はたった1億円で、正式には日銀は株式会社ではなく認可法人です。発行されているのは株式ではなく、出資証券です。何が違うかというと、株主総会はなく、議決権は出資証券には付与されていません。

また、配当は1株100円に対して5円が上限ですので、日銀の株を持っても配当がたくさんもらえるわけではありません。もちろんオーナーとして、隠然たる影響力を行使できるはずですが、民間の45％のうち6％ぐらいを金融機関などが持っています。そして39％は個人とされていますが、この個人が誰かは明かされたことがありません。

日銀の出資証券はジャスダックに上場されています。つまり建前上は三菱東京UFJ銀行のような上場企業の形をとっています。ただしこれは、民間が45％の公開企業という建前を見せるだけの形にすぎません。

ジャスダックで取引されているのは、1年間を通じて額面100円、全体で100万株のうち5万株未満にすぎません。つまり総株数のうち5％しか取引されていないのです。また、この5％は金融機関などの持つ6％部分が国債の価格変動に合わせて行ったり来たりしているだけです。

もちろん、大手証券会社に口座があれば、ジャスダックに売り玉が出たときに買える可能性はありますが、議決権もなく、配当もたいしたことがない出資証券なので、額に入れて飾っておくぐらいの旨みしかありません。

そして、持ち主が明かされない39％部分については、いっさい持ち分は変動していないのです。

日銀の設立は、薩摩藩士であり、内閣総理大臣を2度務めた初代大蔵大臣松方正義によるものです。松方正義は42歳の時にフランスに留学した際に日銀設立構想を固めたといわれています。ただ、松方の構想では、「株金は広く大衆から募集し」となっており、どのようなルートでこの39％が個人に押えられるようになったかは明かされていません。もちろん、この39％の重要部分については、ヨーロッパの銀行家が当時押えたと考えられています。

ところで、読者のみなさんは、明治の元勲と呼ばれる偉人たちの中に、あっけなくこ

の世を去った人物が思いのほか多いことに気づいているでしょうか。

たとえば、西郷隆盛、大久保利通《としみち》、小松帯刀《たてわき》、大村益次郎、木戸孝允《たかよし》……。まだまだいます。彼らの幾人かはクロムウェルやロベスピエールと同じ境遇だったのではないかと私は思いますが、読者のみなさんはどうご覧になるでしょうか。

現代の戦争を理解するカギは「通貨発行権」

歴史をこのように俯瞰してみると、かつて**王家対王家の領土争いだった戦争**が、いつの間にか同じ戦争のつづきに見せかけた**王家対ヨーロッパの大銀行家の戦争**に変質していたことがわかります。

そして、17世紀から19世紀にかけての戦争は、もはや領土の帰属ではなく、**通貨発行権の帰属をめぐる戦い**に変化していたことが理解できると思います。

はっきりとその形が示されたのが、戦争に明け暮れるイングランドで起こった名誉革命でした。それ以来、ヨーロッパの諸国は封建主義の衣の整理を始め、ゆっくりと近代の国民国家へと変貌《へんぼう》していきます。

時代はいささか進みますが、ロシア革命も、名誉革命やフランス革命と同じやり方によって、ヨーロッパの大銀行家たちが仕掛けたものといえるでしょう。私は、マルクスやエンゲルスが銀行家の指令を受けて『共産党宣言』や『資本論』を著したとは思いませんが、大銀行家たちがそれを思想宣伝の格好の道具に利用して、ロシアの国民を革命に扇動したことはまず間違いのないことだと考えます。

実際ソビエトが崩壊した時、エリツィン大統領は、ソ連が終わって「残ったのは西側の銀行に対する借金だけだった」と語っています。

そして、通貨発行権をめぐる国家対ヨーロッパの大銀行家の戦争は１９１３年、アメリカのＦＲＢ（連邦準備銀行）の設立によって、一応の終息を迎えます。

なぜ私が、それをもって終息というのか。

理由は、簡単です。

それまでは、**「通貨発行権の獲得」**のために戦争が行われました。しかし、ＦＲＢの設立以降は、**「通貨発行権の行使」**のために戦争が行われるようになりました。

21世紀の現在においても、その戦争目的は変わりません。

私たちが生を受け、いまに至る間にも、中東、中央アジア、アフリカ、あるいはバルカン半島などで数々の戦争が行われてきました。これはすべて、**国際金融資本が仕掛けた「通貨発行権の行使」のための戦争**ということができます。

ただ、この現代の戦争について論を進めるには、まだ少々性急すぎます。その前に、ヨーロッパの大銀行家がアメリカで何をしたか。この点を詳しく見ておかなければならないでしょう。

第3章

なぜ、金融資本家たちは戦争を起こしたいのか？

アメリカの独立戦争に始まる世界的な金融支配

アメリカは、1775年からおよそ8年の間、イギリスと独立戦争を戦いました。戦争の発端は、イギリスがその植民地アメリカに対して、課税強化の動きに出たことです。

一般に、宗主国から植民地が独立しにくい理由は、独立をめぐって武力衝突が起こった場合に戦費の調達ができなくなる、という点にあります。戦争を始めた途端に自国通貨の価値がゼロになり、金や銀との交換でなければ、武器や資源を売ってくれる国がいなくなるからです。

もちろん、戦争の遂行に必要十分の金銀をふだんから備蓄できるわけもありませんから、植民地が戦争を行おうとすれば、金銀あるいは非戦争当事国の本位通貨を誰かに借りるしか戦費をまかなう手段はなくなります。

そのアメリカ独立戦争の戦費は、誰が出したのか。

もちろん、ヨーロッパの大銀行家たちです。彼らは、イギリスにもアメリカにも戦費を融通していました。

一般に、貸出先の企業がつぶれると貸し倒れが起こるため、銀行はつぶれるような会社にお金を貸さないという常識があると思います。そのためみなさんは、独立戦争で負けるかもしれないアメリカに、ヨーロッパの大銀行家たちがやすやすとお金を貸すだろうかという疑問を持つことでしょう。

ところが、独立戦争でアメリカが負け、かりに国内が焦土と化したとしたら、そのときこそ彼らの思うつぼです。彼らは、敗戦による国家破たんで倒産した企業や施設を、それこそ二束三文でごっそり手に入れてしまいます。

戦費として貸した資金も、アメリカ国民が納める税金から回収していくことができます。

そのせいでアメリカ国民の経済的な不満が高まれば、「中央銀行をつくれば経済が安定する」と焚《た》きつけて、アメリカそのものを金融支配することもできます。

彼らは何一つ、損害を被りません。彼らの常識では、資金を貸した相手が勝とうが負けようが莫大な利益が転がり込むのが国際金融業なのです。

しかし彼らの思惑は、このときはアメリカの金融支配に向かってはいませんでした。

アメリカ独立戦争で欲しいものを一挙に手に入れたイギリス

じつは当時、植民地アメリカの領土的支配をめぐって、イギリスとフランスの両国は水面下で争っていました。イングランドと敵対していたフランスは、1778年にアメリカ側について独立戦争に参戦。スペインとオランダもフランスにつづきます。

アメリカ軍がイギリス軍を打ち負かし、1783年に独立を勝ち取った背景には、こうした列強の軍事支援がありました。

その結果、何が起こったか。

莫大な戦費を費やし財政危機に陥ったフランスでは、世情が急速に悪化していきます。国王ルイ16世に対する国民の不満はやがて最高潮に達し、1789年のバスティーユ襲撃に始まるフランス革命へと雪崩れ込んでいくわけです。

また、同様に財政の大痛手を受けたスペインは、革命後のフランス共和国との戦争で、あっけなく敗れてしまいます。スペインは活路を求めてナポレオン戦争に参戦しますが、世界4大海戦のひとつといわれるトラファルガーの海戦でイングランドに粉砕されてしまうのです。

その結果、かつての強国スペインはフランスの支配を受けることになり、1808年にはスペイン独立戦争が勃発《ぼっぱつ》、見る影もない斜陽国に堕していきます。

さらに、アメリカ独立戦争への参戦で財政をひっ迫させたオランダは、フランス革命からナポレオン戦争終結にいたるまで混乱をつづけ、その隙にイングランドがオランダの東インド植民地を占領。

オランダでは、1814年にナポレオン帝国が崩壊すると、オランダ連合王国が生まれ、イングランドの名誉革命の立役者ウィレム3世の出自であるオラニエ・ナッサウ家が王位に復権しますが、もはやイギリスに対抗する力を完全に失ってしまいます。

このように、ヨーロッパの王家の抗争はきれいに決着がついていきます。イギリスは、アメリカを独立戦争に向かわせたことをきっかけに、欲しい物をすべて手に入れてしま

うのです。

その結果、イギリスの世界覇権が確立され、イングランド銀行が独占的に発行する通貨ポンドが、世界の基軸通貨になっていくわけです。

陰謀で世界史が決まるはずはないという主張もあるかもしれませんが、イギリスの世界覇権と基軸通貨ポンドの誕生はあまりにも出来すぎたストーリーといわなくてはなりません。

単にヨーロッパの大銀行家たちのもとに、世界史的にみても稀有《けう》な幸運が舞い込んだというだけの話でしょうか。

南北戦争は奴隷解放が目的ではなかった！

ヨーロッパの大銀行家たちは、独立を果たしたアメリカにおいても、工作のかぎりを尽くしています。

もちろん、アメリカ政府から通貨発行権を奪うことが目的です。

とはいえ、アメリカはヨーロッパのような封建制度の歴史はなく、建国当初から、議会制民主主義によって運営される国家でした。そのため、名誉革命やフランス革命で使ったシナリオを当てはめようとしてもうまくいきません。

そこで彼らは、アメリカを分断し、互いに戦争させる道を選びました。

つまり、南北戦争です。

ほとんどの日本人は、アメリカの南北戦争は奴隷解放のための戦争だったと思っているのではないでしょうか。

これは当のアメリカ人も同様で、彼らのほとんどは、それが奴隷解放のために行われたものだと思い込んでいます。なぜならアメリカの学校の教科書には、「奴隷を解放すべきと主張した北部と、解放を望まなかった南部が、その問題をめぐって戦った」と書かれているからです。

今日、世界のどこに、「この記述は間違っている」と考える人間がいるでしょうか。

ところが、事実はそうではありませんでした。

それを理解するには、彼らがなぜ奴隷を解放しようとしたかという理由を考えてみるのが一番です。

リンカーン大統領は、必ずしも人道的な理由によって奴隷解放を主張してはいませんでした。**事実、彼は人身売買には反対しましたが、奴隷制度そのものには反対していません。「白人が黒人よりも明確に優位にあることははっきりしている」とも言っています。**

また、リンカーンはインディアン排除論者であり、強制移住や大量虐殺を自ら指揮しています。

ならば、なぜ奴隷制度を廃止しようとしたのでしょうか。**解放の狙いは、アメリカ北部の工業化を支える労働力に、南部の綿花プランテーションで働く黒人奴隷を活用するという点にありました。**つまり、リンカーンは、自らを支持してくれる北部企業経営者の声に応えようとしたのです。

いささか余談めきますが、リンカーン大統領の暗殺についても、多くの人は勘違いをさせられています。

みなさんは、敗れた南軍の生き残りが意趣返しに暗殺したと思っているのではないでしょうか。アメリカ人の中にも、そう思い込んでいる人は少なくありません。

映画やドラマはリンカーンをヒューマニズムあふれる人物として描きつづけてきたため、「奴隷解放に反対だった南軍による暗殺」というステレオタイプの認識がすっかり定着してしまったのでしょう。

しかし、リンカーンを暗殺したのは、南軍の生き残りではありませんでした。犯人は、北軍に属したメリーランド州出身の**ジョン・ウィルクス・ブース**という俳優でした。

その彼が、フォード劇場の貴賓席で観劇中だったリンカーン大統領の後頭部を、1メートル20センチの至近距離から撃ち抜きました。

いったいどうやって貴賓席に侵入し、どうやってピストルを構えることができたのか。そこには、大統領

リンカーン暗殺を描いた当時のリトグラフ（1865年作）

夫人も、側近たちも、護衛もいたのです。

その場を逃走したブースは、事件から12日後に潜伏先で射殺されました。死人に口なしで、動機のいっさいは藪《やぶ》の中。

とはいえ、事件の詳細は、暗殺の目的が南軍による恨みなどではなく、政治的な大きな理由だったことを示しています。なぜなら暗殺が、よく練られた計画と協力者の存在のもとに行われているからです。

奴隷を労働力不足の北部に解放するアイデア

奴隷制度廃止の歴史をみると、リンカーン大統領がアメリカの生産力のために解放を決断したことは、じつにもっともな話でした。

17世紀までにヨーロッパやアメリカでは奴隷貿易が行われ、あるいは黒人奴隷が個人の従僕として連れ帰られていました。それが18世紀になると、表立っては人道的な見地から奴隷解放を主張する声が上がり、世界中で奴隷制度廃止の流れが生まれていきます。

当時は、イギリスの産業革命が絶頂期を迎えつつある時期です。イギリス以外においても工業化の波はどんどん加速していきます。

そのために起こることは、当然ながら、人手不足です。工業化を進める各国の企業は例外なく、深刻な労働力不足に直面していました。

そこで新興ブルジョワジーたちは、奴隷を解放することを案出しました。

彼らの考えは、だいたい次のような感じだったと思います。

「彼らにほんの少しの自由を与えれば、彼らは結婚し、家庭を持ち、子を産んで育てるだろう。わざわざ高いコストをかけてアフリカから奴隷を持ち込まなくても、

アフリカにおける奴隷狩りの様子

彼らは自動的に増えていくのだ。一生懸命に働けばいい暮らしができると教えれば、そのとおりだと思って仕事をするだろう。わずかな賃金を与えておけば、われわれの製品を買わせることもできる」

現代の資本家や経営者、人口が減ることを悪と考える政治家にも通じる考えですが、こうした考えが当時のブルジョワジーに芽生えたことで、奴隷制度の廃止が実現していくのです。

アメリカも、この世界のすう勢に乗り遅れるわけにはいきませんでしたが、アメリカは後進国だったため、問題は少し複雑でした。

19世紀、アメリカ最大の輸出品目は、南部諸州の綿花プランテーションから生み出される綿でした。明治期の日本が養蚕、紡織で外貨を稼いだように、アメリカも綿の輸出に大いに依存していました。

ご存知のように、綿花の栽培は黒人奴隷の労働力によって支えられていました。奴隷制度を廃止すれば、アメリカ経済がたちまち回らなくなることははっきりしていました。

そのため当時のアメリカでは、奴隷解放を求める北部諸州と奴隷制度の存続を求める南部諸州との間で、さまざまな妥協が図られました。そのひとつが、1820年に合衆国議会で取り決められたミズーリ妥協（協定）です。

ミズーリは1819年、奴隷州として合衆国に加盟を申請しました。

しかし、それよりも以前に、合衆国議会は奴隷州の受け入れに対する妥協を拒んでいました。当時の議会の勢力は、奴隷州と自由州がともに11州と均衡していたため、議会は奴隷州のこれ以上の増加を望んでいませんでした。

そこで議会の勢力均衡を崩さないよう北部州からメインを自由州に昇格させ、その上でミズーリの加盟を認めるという、いわばギブアンドテイクの妥協をはかりました。

これが**ミズーリ妥協**と呼ばれているものです。

合衆国議会は、このように奴隷州と自由州のバランスにつねに配慮し、国家としてまとまりを欠くことのないよう慎重な配慮を行っていました。当時メキシコを支配していたフランス、またカナダを支配していたイギリスという2大国の干渉を避け、国の基盤を保持していくためには、穏健で妥協的な政策が必要だったのです。

この点では、**南部諸州も北部諸州に対して、合衆国から脱退しなければならないほど大きな不満を抱いていたはずはありません。**

銀行家にまんまと利用されたリンカーン

にもかかわらず、1860年から61年にかけて、南部11州は相次いで合衆国を脱退し、**アメリカ連合国**を建国するという挙に出ます。

公式には、北部諸州が求める奴隷廃止を恐れたことが脱退の理由だったとされますが、前史をふり返ればわかるとおり、むしろ北部諸州のほうが分断を恐れて南部に気を遣う状況でした。客観的に見れば、連合国の設立は南部諸州による北部諸州への強烈な挑発行為だったといえます。

じつは連合国の設立の背景には、それを仕掛けた人物たちがいたといわれています。

もちろん、ヨーロッパの銀行家です。ドイツの宰相ビスマルクがコンラッド・シエムという人物に、その事実を明かしていました。

シエム氏は、1921年3月号の『ラ・ヴィエーユ・フランス（La Vielle France＝古き良きフランス）』誌に、ビスマルクが自らに語ったという内容を発表しました。

前出のジョン・コールマン氏はこの記事を、著作『ロスチャイルドの密謀』（成甲書房）に引用しています。

また、第2次大戦中にアメリカで設立された宗教政治団体「National Union for Social Justice」の代表者チャールズ・コーリン神父も、1941年にその機関紙『Social Justice』の中でシエム氏の記事を紹介しています。

コールマン氏の『ロスチャイルドの密謀』から、該当部分を紹介してみましょう。

ビスマルクは、アメリカの南北戦争は彼が言うところの「ヨーロッパの大金融権力」によって誘発されたと確信していた。これは1921年3月、『ラ・ヴィエーユ・フランス La Vielle France』にコンラッド・シエムによって発表された注目すべき言葉に裏づけられる。シエムによれば、1876年、彼は南北戦争についてビスマルクと話したという。

アメリカを二つの連邦に分割することは、ヨーロッパの大金融権力（ロスチャイルド家）によって、南北戦争よりずっと以前に決定された。そうした銀行家はアメリカを恐れていた。アメリカ国民が結束したままであれば、当然ながら一国として経済的、金融的に独立独歩することになるだろうし、そうなれば、彼ら銀行家の世界支配が覆される、と。ロスチャイルド一族のこうした声に影響され、彼ら銀行家はアメリカを、自信に満ちて自給自足体制を貫く活力ある共和国を二つの弱小民主国家にして負債を負わせれば、大儲けが出来ると考えたのだ。

リンカーン（1809-1865）はこうした陰の組織の存在を疑ってもみなかった。彼は奴隷解放主義者であり、そのような人物として選出された。が、性格的に、一集団の看板となることの出来ない人物でもあった。――（中略）

彼らはリンカーンの性格に驚いた。農民の出の候補者など簡単に騙《だま》せると高をくくっていたから、彼が立候補をしても、何の支障も感じていなかった。が、リンカーンは彼らの企みを看破し、ほどなく、本当の敵は南部ではなく、ヨーロッパの金融家たちだと考えるようになった。そして、この認識を秘めたまま「見えざる手」の動きを観察した。あえて暴いて公にしようとは思わなかった。何も知らない大衆の不安を煽るだけだからだ。そこで彼は公債制度を確立させ、国家に仲介組織なしで直接人々から借りさせることで、国際銀行家連中を排除しようと決意した。金融を勉強したことはなかったが、持ち前の鋭い直感で、彼は感じ取ったのだった。どのような財であれ、その源は国民の活動と国民の経済に存在する、と。

彼は国際金融家を介した公債発行に反対し、公債を売って人々から借金する権利を議会から取りつけた。国内の銀行は大いに喜び、そうした制度を支援した。政府も人々も外国の金融家の陰謀を免れた。アメリカは支配できない、彼らはすぐさまそう思い知ったが、リンカーンの死で、問題は解決されることになる。襲

オットー・フォン・ビスマルク（1815 - 1898）
プロイセン・ドイツの政治家、貴族。

撃のための狂信者を見つけることほど簡単なことはない。リンカーンの死は全キリスト教徒にとって災厄だった。当時のアメリカに彼の代わりを務められるほどの人材はなかった。

リンカーン大統領は闇の権力に消された

リンカーン政権への工作を行ったエージェントは、ルイジアナ州選出の上院議員、ジュダ・ベンジャミンを中心に複数いたといわれています。

彼らはリンカーン大統領を説得し、ヨーロッパの大銀行家と取引するよう勧めるいっぽうで、南部諸州の分離独立を画策しました。**ヨーロッパの大銀行家たちの狙いは、まさにローマ帝国以来の支配術である「分断して統治せよ」だったのです。**

北部と南部との関係がいよいよ険悪化しつつあったとき、リンカーン大統領は政府の義務を遂行するため、多額の資金を必要としました。

米国内の銀行業者はリンカーンに期待を寄せ、債務の申し出を行いましたが、戦争の足音を感じた預金者が預金引き出しに動いたことによって、銀行業者のほうが次々に倒産していきます。

リンカーンは議会に法案を諮り、1億5000万ドルの法貨の発行にこぎつけます。法貨とは、金や銀の裏づけのない、国家の信用のみで成り立っている政府発行紙幣のことです。**このときに発行された法貨は、紙幣の裏面が緑色のインクで印刷されていたため、グリーンバックスと呼ばれました。**

ところが、いざ戦争が始まってみると、外国はグリーンバックスを取引の対価として受けとってはくれません。彼らにとってグリーンバックスは、何の保証もないただの紙きれですから、それも無理はありません。

そこで、ビスマルクが話したというシエム氏の記事のとおり、リンカーンは公債を発行し、それと引き換えにアメリカ国民から直接、金銀を借り受けるようになります。

1862年に発行された「グリーンバックス」の1ドル紙幣

つまり、戦争遂行の戦費を調達するために、ヨーロッパの大銀行家たちの力を借りようとはしなかったのです。

このことが、どれほどヨーロッパの大銀行家たちの怒りを買ったことでしょうか。

アメリカを2つの弱小民主主義国に分割し、互いを戦わせるために、彼らは長い時間と大きな資金を投入しました。それが元も子もなくなったわけですから、大金融権力の面目はまる潰《つぶ》れです。彼らが失地を挽回《ばんかい》しようとするならば、まっ先にリンカーンを消そうと考えるに違いありません。

南部の首都リッチモンドが陥落し、南北戦争が事実上終結したのは1865年4月3日ですが、暗殺が行われたのは、それから2週間もたたない4月14日のことでした。

アメリカの大統領暗殺に絡む怪しげな勢力

その後、アメリカに対するヨーロッパの大銀行家の工作は、1913年にFRB創設法（オーウェン・グラス法）が成立するまでつづきます。

じっさい、アメリカにおける大統領暗殺の歴史をたどると、そこには必ずヨーロッパの大銀行家との壮絶な争いの跡が刻まれています。

先に紹介したリンカーン大統領の事件も含めて、ざっと年表にしておきましょう。

年表にあるように、**アメリカ政府が独自に政府発行紙幣や銀貨などの法貨を発行したり、大銀行家の不正を追及したり、通貨発行権にかかわる何事かが起こった後に、決まって大統領の暗殺が実行されています。**

誰が何を求め、画策し、裏で糸を引いていたか、一目瞭然《いちもくりょうぜん》ではないでしょうか。

1816年　第2合衆国銀行（当時の中央銀行）が設立される。その資本金は、アメリカ政府20％に対して、ヨーロッパの銀行家80％という出資比率だった。これにより、アメリカの通貨発行権をヨーロッパの個人銀行家が手中にした。

1831年　ジャクソン大統領は、銀行がマネーを縮小させ不況を引き起こしていると批判。

1834年　アメリカ議会は銀行調査委員会を設立。銀行は、委員会による調査を拒否。

1835年　ジャクソン大統領が狙撃《そげき》されるが、一命をとりとめる。
1836年　アメリカ政府は、第2合衆国銀行の銀行業務更新を拒否。最終的に、第2合衆国銀行は倒産に追い込まれる。以後77年間、アメリカには中央銀行が存在しない状態が続く。
1861年　南北戦争が勃発。
1862—1863年　リンカーン大統領は、総計で450億ドルのアメリカ政府ドル（グリーンバックス）を発行。グリーンバックスは、1996年まで流通する。
1864年　リンカーン大統領が、〝banks more selfish than bureaucracy〟（銀行は官僚政治よりも利己的だ）と発言。
1865年　リンカーン大統領が暗殺される。
その後、銀行はマネーサプライを徹底的に縮小していく。そのため、「大不況」と呼ばれる恐慌がアメリカに起こる。1866年に一人あたり50・46ドルあったマネーサプライは、1886年に6・67ドルにまで減少していく。
1881年　ガーフィールドが大統領に就任。選挙戦で彼は、「政府は銀行に支配されない」と訴えて勝利した。ウォール街が財務長官に推していたリーヴァイ・モートンを、財務長官ではなく海軍長官に任命する。また、政府発行の銀貨、シルバードルを発行。
１８８１年　ガーフィールド大統領が暗殺される。
１９０７年　証券暴落が起こる。
１９１３年　米議会がクリスマス休暇中の12月22日に、多くの議員不在のままＦＲＢ法が強行採決され成立。以後、アメリカの通貨発行権はＦＲＢが独占することに。ちなみに、ＦＲＢ（連邦準備銀行）は、まるで政府機関のような体裁を整えているが、純然たる民間銀行であり、アメリカ政府は一株も株式を持っていない。

景気を自在にコントロールして儲ける大銀行家たち

年表で記した出来事のうち、とくに注目しなければならないことは、不況も政治家や国民を揺さぶる手段として、大銀行家がつくっているという点です。

読者のみなさんは、経済には好不況の波があり、好況がくれば不況もくる、それは致し方ないことだと考えているはずです。

ところが、じっさいは違います。

銀行が金融を引き締めなければ、不況など起こるはずがありません。

「しかし、景気が過熱しているときに金融を引き締めなければ、バブルが生じて、あとあとひどい目に遭いますよ」

経済学の教科書どおりに、そう反論する人もいるでしょう。

では、なぜ景気が過熱するのでしょうか。

銀行家がわざわざ水道の蛇口を緩めて、じゃぶじゃぶお金を供給するからです。好況も不況も、すべて彼らが演出しているのです。私がいつも指摘しているように、**GDPの伸びに合わせてマネーサプライの調整を行えば、好況も不況もくるはずはなく、安定して経済成長をつづけることが可能です。**

経済学では、こんなことをいいます。景気が過熱すれば金利を引き上げてマネーサプライを減らし、逆に景気が落ち込めば金利を引き下げてマネーサプライを増やす、と。

しかし、私に言わせれば、原因と結果はまったくの逆で、経済学の教科書はそれらを（恐らくあえて）取り違えています。実際は、**マネーサプライを減らしたから不況がやってくる、逆にマネーサプライを増やしたから好況がやってくる**のです。

年表に記したように、アメリカではリンカーン暗殺後、マネーサプライはおよそ5分の1にまで減らされ、大不況がやってきました。

このとき誰がマネーサプライを減らしたのかといえば、銀行にほかなりません。当時アメリカで流通していた通貨は、地域の銀行が金本位通貨として発行していたからです。銀行がマネーサプライを減らした理由は、通貨を発行するための裏付けになる金が不足していたということでしょう。

でも、なぜ不足したのか。

ヨーロッパの大銀行家が金をアメリカの銀行から意図的に引き揚げたからです。

つまり、彼らは自分たちの思いどおりに、好況にしたり不況にしたりしているわけです。

戦争ほど儲かる商売はない

彼らがなぜそんなことをするのかといえば、それが思いどおりに国家や社会を動かす手段だからです。

そして、**ここが重要なポイントですが、不況と戦争はセットなのです。**

考えてみてください。好況と不況があるから、大銀行家たちは儲けることができます。お金を湯水のように供給し、好況をつくりだせば、簡単に莫大な金利を得られます。景気がいいわけですから、企業は投資を重ね、新技術や新製品をどんどん開発します。十分な果実が蓄えられたところで、大銀行家はマネーサプライを絞り始めます。すると不況がやってきて、倒産や失業がまん延します。彼らはそうやって、企業の財産をタダみたいに安い値段で手に入れるわけです。

戦争も、原理は同じです。戦争と平和があるから、大銀行家たちは大儲けすることができるのです。**彼らは、戦争を仕掛けることによって、平和の時代に蓄えられた果実を**

ごっそり手に入れます。しかも、戦争当事国が必要とする戦費を貸し付けることによって、莫大な金利をとることもできます。

人々は不況と戦争がセットでやってくることを、ずいぶん昔から知っていました。だから、経験的な知識として、「不況の後には戦争がやってくる」といわれてきました。これは、経済的に追い詰められると人心が乱れ、暴力的になる、という話ではないことは明らかです。

じつは、彼らの目的は、最初から戦争を起こさせることにあります。戦争こそが、徹底的に収奪をするための一番の方法、最大の収益を上げる方法なのです。

そのために大銀行家は不況を起こし、人々を経済的に追い込んでいきます。それは、経済的に苦しませれば、人々は視野狭窄《きょうさく》になり、目先のことしか考えなくなるからです。このような状態に陥った人々を戦争に導くのは、本当に簡単なことです。

南北戦争以来のアメリカの歴史は、これらの事実を端的に物語っています。

そして、１９１３年にＦＲＢ（連邦準備銀行）が設立されると、今度は「待ってました」とばかりに第１次世界大戦が始まるのです。

第4章

国際金融資本はいかにして王様から権力を奪っていったか

フリードマンが見抜いた大好況の本当の理由

これはいつものことですが、私が不況と戦争は大銀行家が起こしていると主張すると、きまって私への攻撃が始まります。経済学の専門家といわれる人々が、「トンデモ理論」と決めつけて、しつこく中傷してくるわけです。

これは、おもしろい現象だと思います。まるで、そんな主張を公にされると困ると考えている人たちがいるかのようです。

最近では、所得格差の話をしながら、意図的（と思われる）に国際金融資本による実経済の10倍以上の規模の虚経済（デリバティブ経済）で生み出される富のことを見逃しているトマ・ピケティ氏の著書を『「21世紀の資本論」の問題点』（サイゾー刊）で批判したところ、同様の攻撃がアマゾンの書評などに集中的に来ました。

彼らが本物の専門家であり、私の理論をトンデモだと考えるなら、論理で切り返せばいい話です。ところが、彼らは何のロジックもない中傷をくり返してきます。

なぜなのでしょうか。

読者のみなさんの中にも、彼らの言い分に引きずられて、私の主張は怪しいと思う人がいるのかもしれません。なにせ、大学時代に経済学をおさめた人でも、授業でそんな話を一度も聞いたことがないわけですから、にわかに信じられなくても当然です。

ここではイングランド革命以前に、通貨発行権をめぐってどのような争いが演じられてきたのかを明らかにしていきたいと思います。しかしその前に、そうした疑問を解く意味で、**経済学が生まれた理由と、そもそも通貨発行権が支配の道具になるとヨーロッパの大銀行家が気づいたのはいつのことかという2点を、説明しておきましょう。**

ミルトン・フリードマンというノーベル経済学賞を受賞した経済学者の名前を、おそらくみなさんはご存知でしょう。

彼は、1912年にニューヨークでユダヤ系移民の家系に生まれ、10代後半の最も多感な時期に、世界恐慌を目の当たりにします。それをきっかけに経済学という学問分野に進み、貨幣の量が経済を規定するというマネタリズムの礎を築きました。

当時も今も、経済学の王道とされるのはケインズ経済学であり、相当に端折《はしょ》って言えば、それは需要と供給が経済を規定するという考え方といえます。

ところが、フリードマンは、需要と供給ではなく貨幣の数量が経済を規定していると考えました。このため、彼は貨幣の供給量を決定する中央銀行の役割の重要性を説くことになります。

こうした考えは当時の主流派経済学から見れば奇異な内容だったと思われます。フリードマンはどうやって、この認識にたどりついたのでしょうか。

それは、恐慌や大不況の研究によってでした。**彼は、大不況や恐慌が起こるよりも以前にマネーサプライの減少が始まり、その末に恐慌や大不況が起こっているという事実を突き止めたのです。**

そして、前章の終わりに私が紹介したのと同じことを、フリードマンも指摘しました。いわく、「大恐慌は、市場の失敗が原因ではなく、ＦＲＢが不必要な金融引き締めを行ったことが原因である」と。

私と異なる点があるとすれば、フリードマンは大銀行家がそれを意図的に起こしたものだとは言わなかったことくらいでしょう。

経済学は大銀行家に隷属する学問だ

フリードマンの理論を勉強した人たちは、「なるほど、FRBが政策を間違えたことが原因なのか」と受け止め、「ならば、FRBが政策を間違えさえしなければいいのだ。そのために経済学を研究し、発展させることが大切だ」と考えるに決まっています。

しかし、これはあまりにもお人好しすぎる考えです。

なぜなら、不況や恐慌を起こさない最適なマネーサプライを実現する方法は、その後いっこうに研究されてこなかったからです。フリードマンの指摘は天下を覆す威力を持っていたにもかかわらず、そこに秘められている問題は、決して抉《えぐ》りだされることはなかったのです。

ある意味で、これは当然の結果です。

なぜなら元々経済学は、ヨーロッパの大銀行家の主張を正当化し、彼らに奉仕するた

めに生み出された学問なのです。その学問が自分たちに不利な方向に流れていくことを、彼らが許すはずはありません。

そもそも経済学は、ヨーロッパの大銀行家が自らの儲けを最大化するために経済的自由主義の実現に動いたことから始まりました。経済的自由主義とは、経済活動における意思決定はその最大限を個人に委ねるべきだ、とする思想です。

この思想をもとに**アダム・スミスが著した『諸国民の富』**によって、古典派経済学の基礎が築かれていきます。

個人の判断によって自由に経済活動を行うというのは、間違った話ではありません。国家の介入を許すとすれば、いいことは何もないでしょう。当時、資本家たちはもろ手を挙げて、スミスに賛成したに違いありません。

アダム・スミス（1723 - 1790）
イギリスの経済学者・神学者・哲学者。
「経済学の父」と呼ばれる。

しかし、彼の論にはおそらく隠された意図がありました。

それは、経済的自由主義が社会的な普遍性を獲得すれば、経済の源流である銀行業は、国家権力の手が最も届きにくく、最も堅固に守られた存在になる、という点です。かりに国家権力が銀行業に手を突っ込むようなことがあれば、経済は国家レベルでたちまち停滞してしまいますから、法を守っているかぎり政府は銀行にうかつに手を出すことができません。

その堅固な銀行業のスクラムが最終的に国家権力から何を守っているかといえば、中央銀行です。

経済的自由主義が広まれば広まるほど、中央銀行の守りは固くなり、権威も高まります。そして、中央銀行は通貨の番人であり、政府から独立した存在でなければならないという論理が組み上げられていきます。

イングランド銀行を支配するヨーロッパの大銀行家にとって、これほど好都合な話はありません。

つまり、アダム・スミスが『諸国民の富』で展開した経済学は、彼らに不可侵の金融

権力を与える思想なのです。

アダム・スミスは銀行が金銀を独占するための論を展開した

ところで、スミスは何の思惑もなく、純粋な学問的興味から『諸国民の富』を著したのでしょうか。

もちろん、違います。

アダム・スミス本人はイングランドの第2代シェルバーン伯爵（イングランド首相）の手厚い庇護《ひご》を受けています。

すでに述べたように、シェルバーン伯爵といえば、フランス革命を仕掛けた黒幕ともいわれ、ヨーロッパの金融界に隠然たる影響力を持っていた人物です。彼の祖父は、クロムウェルとも親密な関係にあったサー・ウィリアム・ペティですが、ペティは『租税貢納論』を著し、王立協会（学士院）の設立に当たった中心人物でした。

ちなみに王立協会は、イギリスの発展、つまり資本主義世界の拡大という目的に向か

って学問を糾合する一大センターとして機能しました。こう言えば聞こえはいいでしょうが、要するに、世界に思想戦を仕掛けるための御用学者の総本山として設立されたのです。

このような道具立ての中で、スミスが学者としての成功を望まなかったはずはありません。彼らが望む論理を、ブルジョワジーが受け入れやすい形で展開することさえできれば、すぐにでもそれを掴《つか》めたのです。

それが『諸国民の富』であり、「見えざる手」に象徴されるスミスの経済的自由主義理論でした。**彼は、この著作がヨーロッパの大銀行家による富の独占を肯定し、それを支援することを十二分に意識していたことでしょう。**

スミスの経済学に対する網羅的な批判は、本書の目的ではありませんから、本質的な部分だけを論じましょう。

たとえば、スミスは『諸国民の富』でこんな主張を展開しています。

――国内に不必要な量の金銀を持ち込んだり、あるいはそれをとどめておこうとしたりして、一国の富を増加させようとすることは、個々の家庭に不必要のたくさんの台所道具を押し付けて、それによって御馳走《ごちそう》をふやそうとするのと同じで、まことに愚かしい、ということを銘記すべきである。これら不必要な道具類を買うための出費は、家族の食料品の量を増すものでもなければ、その質を良くするものでもなくて、量を減らし質を悪くするだけだろう。それと同じように、不必要な金銀を購入するための出費は、いずれの国においても、国民に衣食住を供している富を、国民を養いかれらに仕事を与えている富を、必然的に減少させるにちがいない。
(中公文庫版『国富論Ⅱ』より)

これは、じつにおかしな理屈です。

戦乱が絶えなかった時代に、金銀を貯め込むことは、市民にとって当然の自衛手段でした。ところがスミスは、言葉巧みにそれを誤りだと主張し、金貨や銀貨などの本位通貨が退蔵されることは、国民生活を貧しくすると警告しています。

たしかに、当時市民の間に蔓延《まんえん》していた「貨幣愛」ともいうべき状況は、経済の足を引っ張る悩ましい問題でした。お金を貯め込むわけですから、消費が活発になるはずはありません。

しかし、**スミスがこの論を展開する上で意識していたのは、金の拡散、流出だったのではないかと私は考えます。**

たとえば、当時のイギリスでは、葡萄酒《ぶどう》の輸入代金の支払いで金がフランスに流出していました。また、市民の間に起こっていた金貨の退蔵は、誰がどう貯め込んでいるのか追跡することができませんでした。

これは、銀行家にとって困ったことです。

何がどう困るのかといえば、銀行が最大利益を実現するためには、金銀を自らの懐に独占し、それを元手に何倍ものペーパーマネーを発行する必要があったからです。

ペーパーマネーの発行数量を拡大していくことは、彼らの儲けの源泉です。なぜなら、イングランド銀行が発行する紙幣は、イングランドへの貸し付けであり、発行数量が多ければ多いほど彼らが受け取る利子も多くなるわけです。彼らにとって金貨の退蔵は悪であり、殲滅《せんめつ》すべき敵であることは論をまちません。

また、ペーパーマネーの拡大を前提にしなければ、大不況や戦争を計画実行しても、より大きな利益を上げることができなくなります。増大したペーパーマネーが急激に縮小するからこそ、優良な大企業が次々に倒産し、彼らはそれらをタダ同然でごっそりと手に入れられるのです。

したがって、ヨーロッパの大銀行家は、イングランド銀行を通じて発行するペーパーマネーをどんどん流通させ、金銀は逆に流通させずに独占する必要がありました。

ここに示したスミスの論は一見もっともな話に聞こえるかもしれませんが、その本質は市民に向けられた「刀狩り」ならぬ「金狩り」です。もちろん、国家権力が行う刀狩りほど強制力はありませんが、イングランド銀行の利益に向かって論理が組み立てられている点を、見落とすべきではありません。

富国強兵のスローガンは国民からの収奪が目的

一般に、スミスの『諸国民の富』は、王権が支配した重商主義のルールチェンジを促し、国民国家が富国強兵を追求する方法論を説いたものと理解されています。

しかし、それは国民が豊かになることを決して意味していませんでした。

スミスは、国民が富むことによって国家が富むという従来とは逆向きの論理をつくり上げましたが、その目的は、より大きな利益を国民から吸い上げることだったというべきでしょう。

そのひとつが、国家財政の安定をはかり、イングランド銀行への利払いを行うために導入された所得税です。それ以来、近代的な徴税制度が整備されていくわけですが、イギリスがイングランド銀行に国債を引き受けさせ、国民がその金利を支払って負担する不可思議な制度が定着していきます。

国家と中央銀行に利益を吸い上げられるブルジョワジーは、自分たちの懐を守るために今度は労働者のさく取に明け暮れました。産業革命を推進し、7つの海を支配したイギリスで、国民は未来への希望に燃えていたかもしれませんが、一部のブルジョワジーを除き、豊かな暮らしは決してやってきませんでした。しぼり取られるいっぽうのロンドン市民は、過酷な労働によって健康を蝕《むしば》まれ、コレラなどの感染症や深刻な大気汚染によって健康を奪われ、ときには命さえ失いました。

経済的自由主義のもとで起こることは、世界のどこにおいても共通していました。

じつは、アメリカや日本でもイギリスと似たり寄ったりの状況が生まれています。アメリカではFRBが設立された1913年に所得税が導入されました。それまでは所得税には累進性があるので、国民に平等ではないため、違憲とされてきました。

日本では、日本銀行が1882年に設立され、その5年後に所得税を導入しました。所得税を納める人は少数の資本家でしたが、彼らのもとで庶民は過酷な労働を強いられました。金を稼げると吹き込まれ、都市部の工場に送り込まれた労働者たちは、そこで結核や感染症を発症しました。衛生、食事、労働時間など労働環境が劣悪だったからです。

彼らは年季明けとともに病気を故郷に持ち帰り、その全国的な蔓延が起こりました。江戸期よりも苦しい生活に陥ったことを嘆く国民はたくさんいました。

この時代、世界の帝国列強が夢見た「富国強兵」の国家像とは、国民からの収奪によって一部の支配階級がわが身を富ませる政策だったといえるでしょう。「富国」とは、国民から思いっきり収奪することによって国家を富ませる政策でした。いったい国家とは、誰のことなのか。通貨発行権を握る中央銀行制度が、その仕組みを支える要になっていました。

とすれば、経済学がこうした仕組みを正当化する道具として使われてきたのは当たり前のことです。いや経済学だけでなく、あらゆる社会科学がそのために発展したといっても言い過ぎではありません。ルソーやマルクスの思想が、彼らに利用されたのと同じように。

ヨーロッパの大銀行家が何を考え、何を目指してきたかという視点を獲得しなければ、世界で起きていることは何ひとつ理解できないのです。

権力奪取のルーツは「旧約聖書の神官たち」?

さて次に、**通貨発行権が社会支配の道具である点に、ヨーロッパの大銀行家が気づいたのはいつかという問題**に移りましょう。

じつは、2000年以上の昔、イエス・キリストと呼ばれる人物が存命だった時代に、これを利用して富の独占をはかった人たちが存在していました。この事実を示唆する記述は、聖書の中に残っています。それは、**聖書に出てくる神官たち**です。

イエス・キリストの生涯をテーマにしたミュージカルや映画では、イエスが猛烈に怒ってユダヤ教の神殿近くにしつらえられた商い道具をめちゃくちゃに破壊するシーンが、必ずといっていいほど登場します。

ご存じのように、イエスはもともと熱心なユダヤ教徒でした。

ユダヤ教は神に生贄《いけにえ》を捧げる宗教であり、だからこそ旧約聖書の創世記には、アブラハムが息子イサクを生贄に捧げようとする物語が記されています。

アブラハムは、年老いてようやく授かった最愛の息子イサクを生贄に捧げよという神の命令を聞きます。それはあまりにも惨《むご》い命令でしたが、彼は黙って従うことにします。

イサクはそれを知りません。生贄を捧げに向かう途中、アブラハムが生贄の羊を連れていないことを、イサクは尋ねます。アブラハムは「神が用意してくださる」と答えますが、この一言でイサクは何もかも理解したようでした。

神殿に到着し、アブラハムがあわや祭壇に横たわるイサクを手にかけようとした瞬間に、神の使いがそれを止めます。ふと見ると、神が用意した生贄の羊がいつの間にか現われています。彼はイサクの代わりに、それを神に捧げるわけです。

この物語の解釈は、神がアブラハムの信仰心を試したということでしょう。「お前の信仰心が揺るぎないものであることはよくわかった。だから、もうよいのだ」。古代ユダヤ教では、このような一切の疑いのない信仰心がことのほか尊ばれました。

イエスの時代にも、神殿に生贄を捧げる儀式は当然、存在していました。生贄を捧げる理由は、自分が犯した罪を償うためです。

そのときに、生贄は大きければ大きいほどいいとされたであろうことは、論ずるまでもありません。お金持ちは、贖罪《しょくざい》のためにより大きな動物を捧げることを競い、遠路はるばるヤギや羊を引き連れました。中には、ゾウを持ってくるような大富豪もいたに違いありません。

そのうちに、神殿はもっと便利な方法を用意するようになりました。

当時、ローマ帝国に統治されたパレスチナでは、さまざまな通貨が使われていました。

それらの貨幣は、宗教的には不浄な存在でした。不浄であるがゆえに、神殿での使用は厳格に禁じられていました。

そこで神殿は、彼らが発行する通貨であるシェケル貨（現在のイスラエルの通貨シェケルとは異なります）だけは不浄ではないとし、シェケル貨のみで生贄を買うことができるとしたのです。

巡礼者にとっては、わざわざ大きな動物を運んでくる必要がなくなりますから、これは好都合な話です。この方法はたちまち広まって、シェケル貨で生贄を買い、それを捧げることが当たり前になっていきます。

神官たちによる通貨発行権の独占が始まる

シェケル貨で生贄を買うのであれば、神殿にシェケル貨を直接納めても、意味合いはさして変わりません。そのため、イエスの時代には、すでにシェケル貨を直接納めるようになっていたと考えられています。

イエスが怒った理由は、一般的には、生贄を金で買うことを堕落だと考えたからだと解釈されています。

しかし、その背景にもう少し込み入った理由がなければ、あれほどの激昂《げきこう》ぶりに納得がいくとはいえません。私は、**神殿側が通貨量をコントロールし、恣意《しい》的に生贄の対価を釣り上げた（デフレを誘導した）ことが理由だった**と考えています。

神に捧げる生贄に、このくらいでいいだろうという相場はありません。神が最愛の息子を捧げよと命じる物語が旧約聖書に記されるくらいですから、ユダヤ教徒として、生贄を惜しむような人間はいないわけです。

やりとりとしては、こんな感じだったでしょう。

神官「遠路をよくいらっしゃった。あなたがここに来たことを、神も喜んでいらっしゃる。あなたは、生贄に何を捧げますかな」

信徒「鶏を生贄に捧げます」

神官「では、10シェケルをお納めください。神は、あなたの罪をお許しなさいます」

このとき、昨年の巡礼では鶏の生贄が8シェケルだったとしたら、どうでしょうか。信徒はそれを覚えていますが、アブラハムのことを思い出し、黙って神官の言うとおり従うに違いありません。

そうやって神官は、生贄と交換するためのシェケル貨の額を、どんどん値上げしていったものと考えられます。神官も、神殿の維持改修にお金が必要だったことでしょうし、自分たちの生活の糧を求めなくてはなりません。自分達自身が生み出した物価の高騰に備える知恵も働いていたことでしょう。

これが何を意味するかといえば、**通貨発行権の独占**です。

信徒たちは生贄を捧げ、罪を償うために、みなシェケル貨を欲しがりました。シェケル貨でのみ生贄を捧げることができるというルールをつくることによって、神官たちはいつの間にかシェケル貨の通貨価値と流通量を自由に決められる立場になっていました。

これが、通貨発行権の独占がもたらす、原初的な通貨利権の形です。神殿側が利権の拡大を目指したことは、容易に想像のつくことです。

イエスはおそらく、このことに激しく怒ったのでしょう。なぜなら、神官が恣意的に生贄の価値を決めるとすれば、神官は神よりも上位の存在になります。神を利用して、自分たちの懐を肥やしているからです。イエスの目に、神官の行いが神の否定と映らないはずはありません。だから彼は、神殿の商い道具を破壊し尽くそうとするわけです。

ところで、この場合、イエスが生贄を捧げることを否定したという解釈は成り立ちません。彼は、熱心なユダヤ教徒でしたから、生贄を捧げることそのものは受け入れていました。

キリスト教では、神の子イエスが生贄に捧げられることによって、「わかった。人間を等しく許してやろう」と神による救済が行われます。かりにイエスが生贄を否定したという見方が成り立つとすると、神の子が十字架にかかることでキリスト教徒全員が救済されたという宗教構造そのものが成り立たなくなってしまいます。

さて、このときは神がシェケル貨のみを認めたという論理によって、通貨発行権の独占が行われました。つまり、**パレスチナにいた旧約聖書の神官たちは、すでにキリスト**

の時代にそれが支配の道具として使えることに気づいていたということです。

その後、世界の通貨の歴史は、金の価値は永遠に変わらないとか、国家の信用力に裏づけられているとか、理屈は多少変わっていても、同じやり方で通貨発行権の独占による経済の支配が世界各国で続けられてきました。

為替取引の手数料で莫大な富を築いたテンプル騎士団

世界史に、金融権力の源泉が通貨発行権にあることを示す逸話がはっきり記されるのは、ずっと時代が下る12世紀のことです。

その逸話の主役は、16世紀にイギリスにわたってフリーメーソンになったといわれる、**テンプル騎士団**です。

テンプル騎士団は、1118年に結成された騎士修道会で、その目的はエルサレム巡礼に向かうヨーロッパの人々を保護することでした。創設メンバーは、フランス貴族のユーグ・ド・パイヤンのもとに集まった8人の騎士たち。彼らは第1回十字軍遠征に加わり、戦地で意気投合した仲間同士でした。

このテンプル騎士団は、なぜかローマ教皇の手厚い庇護を受け、いくつもの特権を許されます。

たとえば、国境通過の自由、課税の免除、ローマ教皇以外の君主や司教への服従の義務の免除などです。要するに、ローマ教皇の命令に従うこと以外は、まったくの自由といっていいほどの特権です。

やがて騎士団は、エルサレムに巡礼に行く旅行者たちのために、為替小切手の割引を行う権利をローマ教皇から与えられます。

要するに、ヨーロッパのテンプル騎士団に預けた金を、テンプル騎士団のエルサレム支局で自由におろせるという**為替取引の権利**で、騎士団はその仕組みを利用する巡礼者から**手数料**をえることができるわけです。

為替小切手は、巡礼者にとってきわめて便利なものでした。これを利用すれば、金貨を持ち歩いて長旅をする必要もないし、泥棒を

テンプル騎士団の紋章

心配する必要もありません。テンプル騎士団は、濡《ぬ》れ手に粟《あわ》の手数料収入をえるようになり、財力も会員数も拡大していきます。

13日の金曜日に起こった惨劇

彼らが行った為替小切手の割引は、事実上の通貨発行権の独占でした。

ヨーロッパのテンプル騎士団の金庫に預けられた金の為替小切手（預かり証）は、必ずしもエルサレムで金の引き出しに使われたわけではなく、為替小切手が通貨代わりに流通したからです。

いったん為替小切手が信用紙幣として流通してしまえば、騎士団はいくらでも為替小切手を発行し、流通させることができます。ローマ教皇のお墨付きがありますから、騎士団の金庫に本当に金があるかどうかは、誰も心配しません。実際に金がローマで預けられていなくても、為替小切手を発行すれば、手数料、つまり金利が発生します。つまりいくらでも元本を創造できる権利を手に入れたということです。

十字軍の遠征がくり返されるたびに、莫大な人数の巡礼者がエルサレムを訪れるようになりますが、彼らはみな現地でテンプル騎士団の為替小切手を通貨代わりに利用したと考えられています。

テンプル騎士団は、こうしてヨーロッパ屈指の資金力を持つ団体にのし上がります。王侯貴族やローマ教皇庁の要人たちはこぞって騎士団にお金を借りたため、彼らの支配力はますます拡大していきます。通貨発行権が生み出す騎士団の金融権力が、満天下に示されるわけです。

このころまでに、王侯貴族やローマ教皇庁の支配階級の間では、通貨発行権が生み出す金融権力の威力は十分に認識されていたはずです。

その証拠に、13世紀ごろからは、後に述べるように王室と銀行家の間で通貨発行権をめぐる熾烈《しれつ》な争いが頻繁にくり広げられるようになります。

テンプル騎士団の命運はあっけなく尽きてしまいますが、それは通貨発行権をめぐる争いがいかに陰惨なものだったかを象徴しています。彼らの結末は、次のとおりです。

フランス王フィリップ４世は１３０７年10月13日の金曜日に、騎士団を異端だとして、

何の前触れもなく急襲。ヨーロッパ中の騎士団会員の一斉逮捕と大虐殺が行われました。騎士団総長ジャック・ド・モレーは7年間の異端審問による拷問の末、1314年に火あぶりの刑に処せられました。

ヨーロッパ最大の騎士団は、こうして跡形もなく壊滅してしまいます。

フィリップ4世は財政難に陥っており、テンプル騎士団の資産を略奪することがこの暴挙の目的でした。いかに残虐を極めた仕打ちだったかは、忌まわしい災厄を意味する**「13日の金曜日」**という言葉が現在なお使われていることからも想像できるのではないでしょうか。

余談ですが、フィリップ4世がいざ騎士団の金庫を開けてみると、そこに金はなく、まったくの空っぽでした。あれだけの大虐殺をしてまで手に入れようとした大量の金は、いったいどこに消えたのか。

ジャック・ド・モレー（1244？－1314）
第23代目テンプル騎士団総長

後年、この消えた金が16世紀に生まれるフリーメーソンの設立資金になったのではないかと噂《うわさ》されるようになりました。

じっさいフリーメーソンの叙階には、いまも「ナイト・オブ・テンプラー」というランクが存在しています。接点と目されるものは、ほかにもいくつかあり、まったくの無関係と切り捨てるには道具立てが少々そろいすぎています。

第5章

「世界大戦」という
壮大なフィクションを暴く

いまだ謎に満ちた第1次世界大戦幕開けの真相

1913年のFRB設立は、ヨーロッパの大銀行家たちにとって、ひとつの大きな節目になったと考えることができます。

その理由は、こうです。FRB設立以前に行われた戦争はヨーロッパの大銀行家が通貨発行権を獲得するために仕掛けられてきましたが、それ以降は、むしろ手に入れた通貨発行権を行使する目的で仕掛けられているからです。

その始まりが、1914年の第1次世界大戦です。

イギリスの歴史家ホブズボームが第1次世界大戦を20世紀の始まりと捉え、1914年から1991年までを「短い20世紀」と規定したように、それは19世紀の多角的な経済発展の形をいっぺんに破壊した、きわめて大きな凶事でした。その波紋の作用が、つづく世界恐慌、第2次世界大戦、冷戦、そしてグローバル化の流れまでをも生み出したといって過言ではありません。

ところが、大戦における経済史や政治史の研究者以外で、第1次世界大戦のことを詳しく知る日本人はほとんどいません。

まして、**大戦が起こった理由を簡明に述べることができる人は、研究者でもおそらくゼロです。これは日本人にかぎらず、世界的に見てもそうなのです。じつに不思議なことではないでしょうか。**

大戦に突入するきっかけは、ボスニアの首都サラエボで、オーストリア＝ハンガリー帝国皇帝フランツ・ヨーゼフ1世の世継ぎ、フランツ・フェルディナント大公が暗殺された事件でした。

暗殺犯は、まだ20歳にも満たないガブリロ・プリンツィプでした。彼はセルビア人民族主義者です。事件には、フリーメーソンにもつながりがあったとされる民族主義テロ組織、黒手組が関与していたとされています。

フリーメーソンとのつながりというと、陰謀論ではお決まりのパターンですが、当時のヨーロッパでは特段に秘密の存在というわけではなく、たとえばオーストリア貿易省は、大戦前からフリーメーソンと密接な関係を持っていました。

一例を挙げると、ピーター・ドラッカーは自伝『傍観者の時代』の中で、大戦中のオーストリア大蔵省で財政担当を務めたヘルマン・シュワルツワルト博士との出会いを紹介しています。ドラッカーはその記述の中に、シュワルツワルト博士が官庁キャリアをオーストリア大蔵省ではなく貿易省からスタートさせている点を指摘し、彼がフリーメーソンの一員だったと暗に示唆しています。

このことは陰謀論の是非の問題ではなく、当時のオーストリア＝ハンガリー帝国の国情を知る上で非常に興味深い事実です。ヨーロッパの国々では、フリーメーソンのネットワークなしには一国の財務や貿易政策が成り立たない状況がすでに生まれていたということでしょう。

それが理由というわけではありませんが、皇太子を暗殺されたからといって、オーストリア＝ハンガリー帝国がセルビアと本気で戦争を始めようとしたかといえば、そういう形跡はありません。

じっさい、セルビアに最後通牒《つうちょう》をつきつけたとき、オーストリア＝ハンガリー帝国は軍隊に部分的動員令しか出していませんでした。しかも、その部分的動員令でさえも、効力を発したのは宣戦布告を行った後のことでした。本気で戦争を始める国が、こんなに間の抜けたことをするわけがありません。

帝国の意図としては、最後通牒はおそらく、単に恫喝《どうかつ》の手段だったことでしょう。宣戦布告を行っても、限定的な戦闘によって短期間のうちにセルビアを降伏させるつもりだったでしょう。当時のオーストリア＝ハンガリー帝国は、戦争がヨーロッパ中を戦火に包むかもしれないという危惧《きぐ》を、まったくといっていいほど持っていませんでした。

とすれば、同盟国4カ国、連合国27カ国が二手に分かれて戦う巨大な戦争へと発展した理由はどこにあったのか。

これは、じつはいまだに解けない謎なのです。

あまりにも不自然かつ不可解な急展開

日本では一般に、**「帝国主義列強の対外膨張戦略が高じた結果、サラエボ事件を発端にして第1次世界大戦が勃発した」**と教えられています。高校の教科書などでは、必ずと言っていいほど、このように記述されています。

そう教えられた私たちは、「さもありなん」と思い込んでいますが、帝国主義の時代のヨーロッパ外交を俯瞰すると、矛盾点はたくさん出てきます。

帝国主義の時代に、ヨーロッパの帝国列強は互いに数々の妥協をくり返しました。

たとえば、植民地の獲得や既得権益の確保であれば、アフリカ大陸政策をめぐってイギリスとフランスが対立したファショダ事件（1898年）や、モロッコをめぐってドイツとフランスが対立した第1次モロッコ事件（1905年）と第2次モロッコ事件（1911年）のように、外交的な解決がはかられてきました。

その理由を一言でいえば、金持ち喧嘩せず、です。彼らは対外膨張政策によって大儲けしている最中ですから、利害をめぐっていざこざが起こっても、「まあ、よいではないか」と太っ腹だったわけです。

ところが、オーストリア＝ハンガリー帝国が宣戦布告した途端に、ずっと太っ腹を通してきた指導者たちは、にわかに豹変《ひょうへん》します。

それからわずか1週間の間に、セルビアの独立を支持するロシアが総動員令を発し、それを見たドイツがロシアとフランスに宣戦布告。そして、ドイツ軍のベルギー侵入を確認したイギリスが、これに参戦。雪だるま式に戦争が拡大していくのです。

これは、あまりにも短兵急な展開です。

よくある説明は、背景にドイツ、オーストリア＝ハンガリー、イタリアによる三国同盟と、イギリス、フランス、ロシアによる三国協商の対立があり、軍事同盟によって参戦が決定的になったというものでしょう。

しかし、これとて納得のいく話ではありません。

帝国列強には、その時々の都合で簡単に同盟関係を反故《ほご》にしてきた、裏切りの歴史があります。

その背景には、王家同士の勢力争いや陰謀があったこともありますが、それよりも大きいのは、ヨーロッパ経済が多極的で緊密な依存関係によって成り立っていたことでしょう。調子に乗って戦争に加担し、相手をやっつけてしまうと、すぐにそのマイナスの影響が自分の国に還ってくるわけです。

帝国列強は、長い戦争の時代をへて、この事実を十分に知っていました。とすれば、軍事同盟に強力な拘束力があったために参戦したという解釈は少々幼すぎるし、ヨーロッパのしたたかな外交を知らない人たちの考えといえるでしょう。にもかかわらず、それは行われました。軍属死者900万人、非戦闘員の死亡者1000万人、負傷者2200万人と推定される膨大な犠牲者を生むことになりました。ホブズボームが指摘したように、それは新時代の到来を告げる、歴史のきわめて大きな転換点でした。

しかし、現代ヨーロッパの専門家は、大戦の遠因となった外交やナショナリズムの研究を重ねながらも、誰が何をどう決断したためにそれが起こったのかという点には、なぜか踏み込もうとしないのです。

第1次世界大戦は市民を巻き込んだ「無差別攻撃」

私は、この点を明らかにすることがそれほど難しいことだとは思いません。

第1次世界大戦は、従来の戦争のイメージとはまったく異なる戦争でした。

そこでくり広げられたのは、国家総力戦でした。

国家総力戦とは、軍事力だけでなく、経済力、技術力、科学力、政治力、さらには国民の団結力や生命、思想の力といった国力のすべてを、全部投入する戦争のことです。ひとたび敗れれば、ただちに国家存亡の危機に直面するという意味をも、それは内包しています。

ここに至るまでの長い戦争の歴史の中で、帝国列強はこれほど高リスクの戦争を経験したことがありません。

それまで戦争といえば、陸戦を中心とし、戦争任務に当たるのは訓練を積んだ職業軍人と傭兵たちにかぎられていました。彼らが使っていた大砲やライフルは連発式ではなく、殺傷力も決して大きいとはいえません。

ところが、第1次世界大戦では、機関銃という新たな火器が登場します。また、鉄道が建設されたことによって、人員や物資の大量輸送を可能にしていました。

そのため大戦では野戦築城による守備的な戦いが有利になり、戦争は必然的に持久戦へと向かっていきました。この状況が、国家総力戦を生み出していくのです。

持久戦を勝利に導く一番の方法は、日本の戦国時代の戦いにもしばしば登場する「兵糧攻め」でしょう。食糧備蓄が底をつけば、いくら勇敢な敵兵といえども戦いを継続することができません。そこで、敵の城をぐるりと取り囲んで城内への食糧補給を断ち、相手が降参するのをじっと待つわけです。

第1次世界大戦でも、こうした兵糧攻めが行われました。**ただし、城を取り囲んだのではなく、彼らは水道、線路、道路、橋、港湾などの社会インフラを破壊する方法でそれを行いました。**あるいは、第1次大戦で初めて使用された化学兵器のように、不特定多数の生命を一網打尽に面で抹殺するやり方も、その思想を汲んでいるのかもしれません。

こうなると、軍人であるか市民であるかに関係なく、大戦の戦禍は等しくやってきます。市民がそれを免れるためには、国家が指示するとおりに戦争に協力し、敵をせん滅し、戦いを終わらせるしかありません。

単純化していえば、国家総力戦の本質とは、無差別攻撃でした。産業と市民が巻き込まれることのなかったかつての戦争とは、この点がまったく異なっていたわけです。

世界大戦は国家による強姦《ごうかん》

日本人の多くは、国民が戦争という国家目的に従属させられた歴史的事例の嚆矢《こうし》は、ナチスドイツや大日本帝国によるナショナリズム宣伝工作だと思っているかもしれませんが、そうではありません。**第1次大戦下のヨーロッパ列強の国民は、「戦争に協力しない人間は、国民ではない」という強烈なプロパガンダによって、すさまじい洗脳と強制を受けていました。**

私のイギリス人の友人は、当時を生きた彼の祖父がこんなことを語ったと話してくれました。

「あのとき私たち（国民）は、国家によって一人残らず強姦されたようなものだ」

第2次大戦中のナチスドイツ、あるいは大日本帝国と同じことが、そこまで露骨ではないにせよ、すでに第1次世界大戦に参戦した列強の国々で起こっていたのです。

もちろん、こうしたナショナリズムの高揚は、誰かに仕掛けられたことにほかなりません。

やり方は簡単です。社会的な発言力のある人間に国家礼賛、国威発揚を主張させ、周りでそれを「もっともだ」と囃《はや》し立て、従わない者には「非国民」のレッテルを貼り、警察権力を使って脅せばいいわけです。

第1次世界大戦は「通貨発行権の行使」が目的だった

同盟国も連合国も、頑固な持久戦を遂行するために、莫大な戦費を必要とします。このカネをどうやって調達するか。それが問題でした。


みなさんの中には、国家総力戦なのだから増税して国民から徴収すればいいと考える人がいるかもしれません。

しかし、国民がみな同じほうを向く日本なら、それも通用するかもしれませんが、個人が権利意識を強く持つヨーロッパでは、簡単に受け入れられることではありません。政府が重税を課そうものなら、国民の離反や反乱が起こり、帝国は内側から崩れてしまうかもしれないのです。

とはいえ、背に腹は代えられません。

たとえば、イギリスの国防費は、1913年の9100万ポンドから1918年には19億5600万ポンドにまで膨れ上がり、政府総支出の80％を占めました。

イングランド銀行が国債と引き換えにどれほど大量の紙幣を刷りまくったか、このデータは如実に示しています。

増税によって国民から直接徴収する代わりに、イギリス政府はイングランド銀行からの借金で戦費を賄いました。これは将来の増税を意味しています。いま増税するか、将来増税するかの違いしかないわけです。ところが、金融の知識をたいして持たない国民は、簡単にごまかされてしまいました。イングランド銀行という中央銀行が設立されていなければ、こんな騙しの芸当はできなかったことでしょう。

これで国内経済の掌握はできるとしても、国際取引はどのようにして行ったのでしょうか。

大戦前、ヨーロッパの国々は金本位制をとっていましたが、金の保有量で通貨発行量を制限する金本位制を守れば、膨大な軍事予算を組むことはできません。

そこで、大戦参加国は例外なく金の輸出を禁止しました。

金を国外に持ち出すことができなければ、その国の通貨は単なるペーパーマネーの意味合いしか持ちません。どんなにたくさんその国のお金を稼いでも、外国人は自分の国に金を持ち帰ることができないからです。

当然ながら、ペーパーマネーと引き換えに、物資を提供しようとする人はいなくなります。同盟国側も連合国側も、貿易決済では自国の通貨を使うことができなくなったのです。

では、どうやって貿易を行い、物資を調達したのか。

それを可能にしたのが、アメリカの中央銀行、ＦＲＢが発行するドルでした。

当時のアメリカは孤立政策をとっており、第１次大戦に参戦したのは１９１７年のことです。アメリカも金輸出を禁止していましたが、戦争当事国になるまでは、世界ではドル決済の貿易が盛んに行われていました。

帝国列強は戦争を遂行するために、ＦＲＢに金を預けたり、自国の国債を引き受けさせたりして、大量のドルを調達しました。もしも第1次大戦の前年に、アメリカにFRBが設立されていなかったとしたら、帝国列強が4年以上にわたって大戦を戦うことはとうてい不可能だったのです。

大戦の結果、FRBにはヨーロッパ中の金が集まりました。

戦争当事国ではないというじつに単純な理由によって、FRBはドルをヨーロッパ中にばら撒《ま》き、代わりにヨーロッパが持つ金を手中にしました。要するに、紙が金に変わったのです。ヨーロッパの大銀行家であるFRBの株主たちは、それこそ笑いが止まらなかったことでしょう。

私が第Ⅰ次大戦を、通貨発行権の行使のために行われた最初の戦争と定義する理由は、これです。戦争を利用して通貨発行権を行使すれば、すさまじい利益が転がり込んでくるわけです。

こうしてみると、国家総力戦という戦争の形も、通貨発行権の行使による利益を最大化する目的で、あらかじめ計画された戦争の形ではなかったのではないでしょうか。破壊のかぎりを尽くすことこそが、国際金融資本の支配力を強化する最大の推進力になるからです。

次々に打ち砕かれた旧帝国の支配構造

第1次大戦の結果、ロシア帝国、オーストリア＝ハンガリー帝国、ドイツ帝国、オスマン帝国の4つの帝国は瓦解します。

これら4つに共通するのは、中央銀行を持たなかったがために、自国通貨の大量発行という手品を使えなかった点です。そして、いずれも王が政治の実権を握る帝国でした。

このことの意味合いを、少し補足しておきましょう。

ちょっと想像してほしいのですが、19世紀のヨーロッパとは、そもそもどのような風情を持つ地域を指していたのか。

この現代に大陸ヨーロッパといえば、私たちが一番に思い浮かべる国は、フランスかドイツではないでしょうか。

しかし、19世紀までのヨーロッパの中心地は、多様な文化と伝統を持ち、豊饒《ほうじょう》な自然

に囲まれたヨーロッパ中部のオーストリア＝ハンガリー帝国でした。

ここは、もともと神聖ローマ帝国に君臨したハプスブルク家がオスマントルコと戦う中で、ハプスブルク家の君主がチェコ王とハンガリー王を兼ねることになり、それが同君連合へと発展して生まれました。つまり、それぞれの領邦が固有の法律、特権、伝統などを保ったまま、緩やかな国家連合を形成したわけです。

その巨大な帝国では、様々な言語、民族、文化が混在するいっぽうで、比較的自由に人と文物の移動、交流が行われていました。

たとえば、画家アルフォンス・ミュシャに代表される19世紀末ウィーン芸術の輝きは、こうしたモザイク的多様性の中で育まれたということができます。この時代、オーストリアは押しも押されもせぬヨーロッパの中心地であり、大陸の人々が誇りとする個人主義や自由主義というヨーロッパ的価値観を体現した点でも、比肩する国はありませんでした。

その点は、オーストリア＝ハンガリー帝国の通貨が、クロアチア、ポーランド、ルーマニアなどの国々に広く流通した事実がよく物語っています。

金本位制を前提にすれば、どの国の通貨が支配的に流通するかという問題は、ひとえにその国の文化や価値観に対する人々の共感の問題に還元することができます。歴史的に、文化や価値観が異なる民族同士が共通の通貨を使った例は存在していないのです。

当然ながら、通貨発行権を国外にも行使し、支配権を広げていたハプスブルク家は、大量の金塊を保有していました。

もちろん、ロシア帝国もオスマン帝国もドイツ帝国も事情は同じことで、それぞれ大量の金塊を保有していました。

中央銀行制度によって金の一極集中を目論むヨーロッパの大銀行家にとって、これら旧帝国の存在は、邪魔でしかたがなかったに違いありません。

旧帝国が保有する金は、第1次大戦によって、どんどんFRBに吸収されていきました。

そして旧帝国は、金を放出したことが原因で、インフレが止まらなくなり、ものの見事に崩壊していきます。

これもまた、ヨーロッパの大銀行家の狙いだったことでしょう。王家の支配する帝国は、第１次世界大戦によって、結果的にヨーロッパから一掃されてしまったのです。

帝国が崩壊すれば、あとは民主主義の必要性を説き、政府から独立した中央銀行制度をつくるだけで、その国を簡単に支配することができます。彼らは中央銀行の株主として、金利をとり、不況を起こし、いくらでも富を収奪することができるわけです。

ナチスドイツの戦費を支えたＦＲＢとアメリカ企業

すでに述べたように、第１次世界大戦はじつに奇妙な戦争でした。しかし、それに輪をかけて奇妙だったのが、第２次世界大戦です。

一般に、世界が第２次世界大戦に向かったのは、世界恐慌（１９２９年）とそれにつづく大不況が世界を覆ったことが一因と考えられています。

表面的に見れば、たしかにそのとおりでしょう。歴史の教科書に書かれていることをおさらいすれば、第２次世界大戦に向かうプロセスは、おおよそ次のようなものです。

第１次世界大戦後、長い歴史の中でヨーロッパに蓄えられた金は海の向こうのＦＲＢ

に集中し、主要国は金本位制になかなか戻れませんでした。

世界で演じられていたのは、自国の通貨価値を切り下げて、少しでも輸出を増やそうとする近隣窮乏策でした。それが、植民地を有する「持てる国」のブロック経済化に結びつき、ドイツ、イタリア、日本という「持たざる国」との深刻な軋轢《あつれき》を生みだしました。

とくにドイツは、第1次大戦の巨額の戦後賠償を行わなければなりませんでしたから、不況にあえぐ国民の不満はいっそう高まりました。それがナショナリズムの高まりを生み、ナチスドイツの台頭を可能にし、ドイツによるポーランド侵攻が起こりました。

こうした表面的な記述は、私たちに戦争というものを誤解させる元凶です。

第2次世界大戦に至るプロセスには、シオニズム（ユダヤ人帰還運動）も影響していますし、戦争の影に隠れて金塊強奪や人体実験が行われたことなど、数多くの原因が存在しています。単に経済的苦境を脱するためにドイツが戦争を始めたという話ではありません。

戦争の背後には、必ず表向きの戦争目的とは別の目的が隠されているものです。

『華氏911』のヒットで日本でも有名になったマイケル・ムーア監督は、ドキュメント映画『ザ・コーポレーション』の中で、こんなことを言っています。

20世紀最大の封印された話といえば、ナチスドイツとアメリカ企業が共謀していたことだろう。まず最初に、アメリカ企業がドイツを再建し、初期のナチスをサポートしたこと。次に戦争の筋書きを作ったこと。GMやフォードはオペル社を守った。コカ・コーラは存続が危うかったので、ファンタ・オレンジを発明した。この発明でコカ・コーラは利益を守れたんだ。ファンタ・オレンジはナチス御用達なのさ。何百万人と死んでいるときに、ファンタで富を築いたんだ。

当時のアメリカでは、主要企業のオーナーの多くがナチスドイツを支援しました。ヘンリー・フォードはヒトラーから「ドイツ大鷲十字章」を授与されています。これは、ドイツが外国人に授与した最高勲章でした。フォードやGMの協力がなければ、ロンメ

ル将軍率いるドイツ装甲師団の活躍はありえなかったのです。

これは、驚くにあたりません。

FRBも、ドイツに資金を供給しました。世界最大の中央銀行にのし上がったFRBは、ナチスドイツの戦費を支えたわけです。

第2次世界大戦は大銀行家のシナリオ通りに進行した

第2次世界大戦は公式に、1939年9月1日に始まったとされています。

これはドイツがポーランド侵攻を果たした日であり、フランスとイギリスがドイツに宣戦布告を行ったのはその2日後、9月3日のことでした。

ところが、にわかに激しい戦いが演じられたというわけではありませんでした。宣戦布告を行ったはずのフランスとイギリスは、戦争らしい戦闘をほとんど行わないまま、じつに9カ月もの時間を過ごしています。

イギリスのチェンバレン首相は、融和政策と称して、優柔不断にもドイツの動きを放置していました。フランスもまた似通った状態で、当時のフランス＝ドイツ国境では両軍の兵士が談笑していたことが報告されています。

どうにも理解できない話ではないでしょうか。

1940年5月に、ドイツ軍はフランスに対して戦車部隊で猛攻撃を開始します。ドイツ機甲部隊がいわゆる「電撃戦」を行い、連合軍はあっけなく敗走。2カ月足らずでパリは陥落し、フランスは降伏することになるわけです。

これは史上最も成功を収めた電撃戦といわれています。たしかにドイツ軍は強かったわけですが、逆にいえば、この成功は英仏が9カ月も本格的な戦闘を始めようとせず、ドイツ軍に十分な準備を整える時間を与えてしまったことが大きいのです。

チェンバレンが行った融和政策に対しては、政治学や外交学の立場から擁護論を展開する学者もいます。とはいえ、擁護するに足る政策的重要性が本当にあったのかといえば、それはきわめて疑わしいのです。ドイツに与えた9カ月の猶予によって、この戦争は、後戻りの利かない世界大戦への道へと突き進んでしまいました。

すでに述べた第1次世界大戦の開戦問題と同様に、これは大きな謎なのです。

どういう謎なのか。**イギリスとフランスの首脳がドイツの進軍に協力し、大戦争不可避の状況を意図的につくりだしたのではないか。彼らはヨーロッパの大銀行家のシナリオを動かすための操り人形だったのではないか。**調べれば調べるほど、そうした疑問が湧いてできます。

事実、首相の座が**チェンバレン**から**チャーチル**に移ると、イギリスは俄然《がぜん》、激しく戦闘を繰り広げるようになります。**チャーチルがイギリス銀行家の意向に沿って動いていたことは、いまになっては有名な話です。**また彼自身も、大戦特需を当て込んだ投資を行い、大儲けしていました。

私には、戦争が後戻りの効かない一線を踏み越えた途端に、チェンバレンの役回りが終わり、今度はチャーチルという新しい操り人形が踊り始めたと映ります。

ウィンストン・チャーチル（1874 - 1965）

世界を破壊し尽くして手にする天文学的な利益

この大戦は、ヨーロッパだけでなく、アジア、中東、アフリカの主要地域を破壊し尽くしました。

ヨーロッパの大銀行家がつくったシナリオの目的は、世界に一極支配の通貨制度を導入するための破壊だったということで決まりでしょう。破壊の上に生まれたのが、1944年に締結されたブレトンウッズ協定だったからです。

ご存知のように、ブレトンウッズ協定は、戦後の国際通貨体制を規定する取り決めです。

簡単にいえば、金本位制のドルを唯一の基軸通貨にして、各国通貨をそれぞれドルと固定レートで結びつける仕組みでした。戦後の日本で長らく1ドル360円という固定為替レートが使われていたのも、この協定による決まりごとでした。

貿易などの国際決済にはすべてドルを使わなければならないし、各国政府は外貨準備としてドルを持たなくてはなりません。**つまりヨーロッパの大銀行家が所有するFRBが、ほとんど無制限にドルを刷り、世界中にばら撒く権利を握ったことになります。**

これは、じつはすさまじい話です。

たとえば、日本人が円を使ってビジネスをしているだけでも、私たちは全員、FRBに金利を払わなければならないのです。

「そんなことありえない」と思うかもしれませんが、これは本当のことです。

なぜなら、ブレトンウッズ体制では、日本円の通貨価値を裏づけているのはドルだからです。そのため、日本は円の価値を裏づけるドルを外貨準備として持っていなければなりません。かりにアメリカの金利が4%だとすれば、日本人は何もしなくても4%の金利を払いつづけることになるわけです。

また、彼ら大銀行家が手にする利益は、利息だけにとどまりません。1ドルと書いてあるだけの紙を1ドルの価値で売るわけですから、紙代と印刷コストを除いた差額は、すべてが利益です。これを**通貨発行益（シニョレッジ）**といいますが、それが全部、FRBの懐に入るのです。

戦後世界では、ブレトンウッズ体制の下、各国は貿易を拡大させ、経済成長をつづけました。世界がより多くのドルを必要とする状況が何十年にもわたって拡大したわけですから、その間に彼らがどれほどすさまじい利益を上げたことか、想像さえ及ばない世界です。

ちなみに、**ブレトンウッズ協定は、1971年のニクソン・ショックで終了することになりました。このときニクソン大統領はドルと金の兌換《だかん》停止を宣言し、世界の通貨は為替フロート制に移行します。**そして、今、私たちは何の裏づけもないペーパーマネーを使い、ただそれをお金だとひたすら信じることによって経済活動を成り立たせています。

これは、とても危うい状況といわなくてはなりません。

さて、第2次世界大戦は、FRBが通貨発行権を行使し、ナチスドイツに資金を供給したことで、はじめて地球規模の大戦争が可能になりました。すでに述べたように、アメリカの財界もヒトラーに協力しました。そして、イギリスもフランスも、おそらくそのシナリオに沿って動いていました。

もちろんアメリカはＦＲＢ、イギリスはイングランド銀行とそれぞれの中央銀行が国債を引き受ける形で戦争資金を供給したことは言うまでもありません。通常の法貨であるならば戦争当時国の法貨はただの紙切れになりますから、世界大戦が長く続くことはあり得ません。第２次世界大戦は連合国とナチスの両方にＦＲＢが資金を供給したことで長く続いたのです。

大日本帝国も巨大なシナリオを演じる役者にすぎなかった

では、日本はどうだったのか。

私は、**日本もシナリオを演じる役者の一人だった**のではないかと考えています。**理由は多々ありますが、動かせない証拠は、日本が太平洋戦争をアメリカから資金を借りることによって戦っていたことです。**ＦＲＢが資金を供給した先はナチスドイツだけでなく、日本にも流れていたのです。

しかも、１章で紹介したように、日本はアメリカからの石油輸入を完全に断たれていたわけでもありません。

ABCD包囲網とか、ハルノートとか、それらはすべて国民に戦争を避けることができなかったと思い込ませるための、後付けの理由です。本当に日本軍をやっつける目的なら、資金やエネルギーを断たないはずはないでしょう。しかし、簡単にできることにもかかわらず、彼らはそのルートを完全に断とうとはしませんでした。

その結果、日本はアジアを支配するヨーロッパ列強を叩くことができ、解放されたアジア諸国は、今度はFRBの金融権力によって一網打尽にされました。

戦争のシナリオが迎える結末は、つねに金融権力の純化、巨大化を実現しています。

2度にわたる世界大戦は、巨視的に眺めると、少なくとも4つの点で非常によく似ています。

①**開戦の理由が脆弱《ぜいじゃく》なこと。**これほど多くの人命喪失、これほどひどい経済破壊と引き換えにしてでも守らなければならなかった大義は、どこを探しても見当たりません。

②**FRBが戦争の両陣営に資金を供給していること。**何度も指摘しているとおり、F

RBの株主はヨーロッパの大銀行家たちです。

③意図的に戦争の長期化が図られていること。 たとえば、チャーチル首相はルーズベルト大統領に、戦争は長引かせたほうがいいと提案しています。

④各国政府が国民のナショナリズムを煽り、国民を戦争遂行に向かわせるために、敵を許し難い悪者に仕立てる自作自演の工作が多数行われていること。

これらの共通点が何を意味しているかといえば、複数の国家同士を大戦争に向かわせる方法論が確立しているということでしょう。

私は、クロムウェルのイングランド内戦、フランス革命、アメリカ南北戦争、そして日本の明治維新が共通の方法論で貫かれていることをすでに指摘しましたが、世界大戦においてもそれを認めることができるわけです。

そして、両大戦を遂行した主要な国家には、イギリス、フランス、アメリカ、日本を認めることができます。これらはみな、革命や市民戦争をへて中央銀行を設立し、ヨーロッパの大銀行家による金融支配を受け入れた国です。

とすれば、**近現代におけるすべての戦争がヨーロッパの大銀行家が主導する出来レースであり茶番である可能性を、排除することはできない。そういう話になるのではないでしょうか。**

第6章

来たるべき第3次世界大戦と「国家洗脳」の手口

ローマ法王による不気味なメッセージの真意

ローマ法王フランシスコが中東など世界各地で戦闘がつづく現状をさして、「すでに第3次世界大戦は始まっているのかもしれない」と述べたことが、BBCのニュースで伝えられました。

２０１４年9月13日は第１次世界大戦開戦から１００年目に当たり、追悼式がイタリアのフォリアーノ・レディプーリア慰霊施設で行われましたが、その会場でローマ法王が懸念を表明したのです。

幼児に対する性的虐待などのネガキャンペーンをはじめ、このところのローマ法王庁は何らかの攻撃にさらされているように見えます。法王フランシスコの親族が自動車事故で死亡したり、イタリアのブレシア市にあるヨハネパウロ2世を記念したキリスト像のモニュメントが倒れて青年が死亡したり、おかしな事件がつづいているのです。

このニュースに接したとき、私は、ローマ法王が攻撃勢力に対するけん制を行ったと

感じました。考えすぎだと思うかもしれませんが、要人の発言とは、そういうものです。為政者と権力をともにしてきたローマ法王庁は、誰がどのような仕組みで世界を動かしているか、誰よりも知っているからです。

みなさんは、これだけグローバル化し、密接にネットワークされた世界で、世界大戦がくり返されることはないと考えるかもしれません。その証拠に、20世紀後半の50年、世界の距離が短くなっていく中で行われた戦争は、どんどん限定された戦争になっていったではないか、と。

たしかに、そういう面はあるかもしれません。

しかし、相手はヨーロッパの大銀行家たちです。私は、彼らが現状に満足しているとはとても考えられません。

「次の戦争のときはよろしく」

かつて国連事務総長を務めたワルトハイムさんというオーストリア人がいました。

彼は戦時中にナチス党員だった疑惑があるのですが、それが明るみに出て、国連事務総長を辞めざるをえなくなります。しかし、表舞台から去ったわけではなく、その後オーストリアの大統領選に出馬し、大統領に選ばれました。たいへん気品の高い紳士です。聞けば、ハプスブルク家の末裔《まつえい》とのことでした。

三菱地所に勤めていたとき、私は社長のお供の通訳者として、ワルトハイムさんの自宅を訪ねる機会がありました。部屋の壁には、直筆サイン入りの各国元首の写真が飾られており、そこには日本の天皇陛下の写真もありました。「HIROHITO」とローマ字のサインがあり、「これが天皇陛下の直筆なのか」と思わず厳かな気分になった思い出があります。

用件がすんで雑談になったとき、ワルトハイムさんは私たちに、「もうすぐヨーロッパは統一されるから、次の戦争のときはよろしく」と言いました。統一ヨーロッパに関係する「次の戦争」があるとすれば、それは第3次世界大戦を意味するに違いありません。

一般にはあまり関係のないことですが、三菱グループの基幹企業は、重工、商事、銀行の3社です。かりに戦争が起こるとすれば、やはりこの3社が陰に陽に役割を引き受けることになるでしょう。

「戦争のときはよろしくと言っていましたけど、ワルトハイムさんは私たちを三菱重工と勘違いしていたんじゃないですか」

すると、社長からこんな言葉が返ってきました。

「いや、彼は三菱グループの本社がうちだと知っているよ」

じつは、不動産は代々長男が継ぐことになっているため、三菱グループの歴史上の本社は地所なのです。三井グループの三井本社も三井不動産となっています。私は、そんなことまで知っているのかと、もうひとつ驚きました。だとすると、「次の戦争のときはよろしく」というワルトハイムさんの言葉も、何か空恐ろしい現実味を帯びてきます。社長と社員の会話ですから守秘義務はありますが、ビジネスとは関係ない話であり、もう25年も経ってますから時効ということでここで書きました。

それから何年かすると、EUの通貨統合が起こりました。また、アメリカのブッシュ大統領（父）の口から「ニューワールドオーダー（新世界秩序）」という言葉を聞くよ

うになりました。世界は明らかに、次なる秩序を求めて動き出していました。

ウクライナ政変でロシアを挑発するアメリカの姿

ニューワールドオーダーと聞くと、いったいどんな秩序なのかと身構える人もいるでしょうが、彼らが目指しているのはじつは単純なことです。

一言でいえば、世界をひとつの政府によって統治し、経済をひとつの中央銀行によって運営する。つまりは、世界統一です。

いま世界を眺めると、かつて共産主義といわれた国々は、いずれも西側資本主義世界に組み込まれています。グローバル資本主義のネットワークが地球にくまなく張り巡らされているわけですが、ヨーロッパの大銀行家にとっては、これはまだ旧世界の延長線上にある過渡期にすぎないという思いがあるようです。

じっさい、考えようによっては、世界はまだまだ多極的です。

たとえば、最近の動きではロシア、中国、インド、ブラジル、南アフリカが共同で

ＢＲＩＣＳ開発銀行を設立しました。この新銀行で行われる決済は、非ドル決済です。ヨーロッパの大銀行家が支配するドルを、彼らは使わないといっています。

面白いことに、ＢＲＩＣＳ開銀設立の動きが顕在化したちょうどそのタイミングで、ウクライナの政変が起こりました。 ヤヌコビッチ大統領に抗議する反体制派デモが活発化し、警官隊と衝突。１００人近くが死亡し、１０００人以上が負傷する事態となりました。

これを受けてウクライナ議会では事実上のクーデターが起こり、ヤヌコビッチ大統領は亡命。代わりに選ばれたポロシェンコ大統領が、いまアメリカとＥＵを後ろ盾にしてロシアと対峙《たいじ》し、ウクライナ問題がこじれているわけです。

これをソ連崩壊後のヨーロッパの枠組みに対するロシアの挑戦と見る向きもありますが、むしろロシアを挑発している本尊はアメリカです。 ウクライナで起こった政変も、アメリカとＥＵの念入りな下準備によって起こされました。プーチン大統領は、そのことを百も承知ですから、これが戦争の火種にならないはずはありません。

戦争を起こしたがっている勢力の建前と本音

とすれば、私たちはこのきな臭い時代に、どのような態度をとればいいのか。

戦争を起こす側には、建前と本音が必ずあります。

戦争の建前が何かといえば、宗教や安全保障などでしょう。

いっぽう戦争の本音は何かといえば、これはお金しかありません。

ヨーロッパの大銀行家が大国を戦争に向かわせるのも、すでに述べたように、それを利用して金融権力を握り、金儲けをすることが目的でした。

その大銀行家にかしずいて協力し、おこぼれに与《あずか》ろうとする各国首脳も、最終目的はお金でしょう。なぜなら、富に結びつかない権力は、誰も欲しがらないからです。また、権力にはお金が必要だからです。ましてや、そうした態度の政権を支える財界や経済界に、ほかに何の目的があるでしょうか。

ところが、戦争には建前があり、彼らはその言い訳を私たちの前にたくさん並べてきます。そのため、つまるところはお金だということが、間接的になっていたり、見えにくかったりするわけです。

大切なことは、次から次へと建前をならべられたときに、騙されないことです。もし十字軍が遠征してきたら、ただちに「お金目当てね」と思わないといけません。それを「宗教戦争だ」などと惑わされたら、すぐに相手の論理に乗せられてしまいます。お金が儲からなければ、宗教戦争を仕掛けるような人間はいないのに、「教義を守るためには命を捧げても惜しくない」などと、たちまち思考停止に陥るわけです。

彼らの扇動にはどう対処すればよいか

このことは、**「日本という国がなくなってもいいのか」**とか、**「子どもたちの未来がなくなってもいいのか」**とか、**「お前には日本人としての誇りがないのか」**などという問いかけに対しても同じです。

みなさんは、日本がなくなるのは嫌だし、子どもたちに明るい未来を残したいし、また日本人として自らを誇っているはずです。

そこで、つい「日本の未来のために、私も戦います！」と返事をしてしまう人もいるでしょう。

ところが、そんな善良な人々を利用して戦争を扇動する側の目的は、明らかにお金なのです。もちろん、宗教だったり主義だったり、お金という目的は見えにくくなっているでしょうが、その先には必ず、地位や権力を獲得してお金を得るという目的があるわけです。

したがって、扇動に対する正しい態度はこうなります。


「まさか、日本という国がなくなっていいとは思っていないよね」

「なんだ、金か」

「子どもたちの未来を奪われて、きみは平気なのか」

「まーた、金ですか」

「日本人としての誇りは、いったいどこへやっちまったんだ」
「わかった、わかった、あんたの懐を肥やす話はもう聞きあきたよ」

要するに、耳を貸す必要はないのです。相手がどんなにもっともらしい理屈を並べたとしても、それはすべて勧誘営業であり、渋谷でカルト宗教の信徒が壺を売っているのと変わらないのですから。

「なんだ、金か」と反応する態度を身につければ、いままで権威ある人物だと思い込んできた相手に対しても「言っていることがやはりおかしいな」と、正体を見抜けるようになるのです。

「この世に絶対はない」と疑う

たとえば、戦争賛美の映画やYouTubeの動画に共通するのは、日本人としての一体感の強調です。そういうものを見ていると、まるで日本人全員が同じ思いを共有しているかのような誤った認識が生まれ、それが強まっていきます。

なぜそうなるのかといえば、一生懸命にチームスポーツを戦ったときの記憶や、仲間と一緒に汗をかいて仕事を成し遂げたときの記憶などが引っ張り出されるからです。そのときに感じた喜びや一体感の記憶を、知らないうちに思い出しているのです。

それが大戦中の日本であれば、お国のために一緒に戦うんだ、と強い気持ちを生みだし、たとえば「よし、俺は予科練に志願する」ということになっていきます。

もっとも、自分の命をなげうつ、あるいは相手を殺すというのは、よほど強い、絶対的な価値観がなければ、そう簡単にできることではありません。見ず知らずの、自分とは何のかかわりもない相手と命の取り合いをするには、宗教レベルの強烈な論理の働きが必要でしょう。

それは何かといえば、**この世に絶対的に正しいことはひとつしかないという一神教の論理**です。

しかし、こうした一神教の論理が成り立たないことは、この現代では常識です。

いつも私が指摘するように、この世に絶対というものはありません。超越的な何かが存在するというアプリオリ性は、ハイゼンベルクの不確定性原理、ゲーデルの不完全性定理、またチャイティンの不完全性定理によって、完全に否定されてしまいました。この世に完全なものは存在せず、したがって完全なる神も存在しない。そのことが科学によって、すでに証明されているわけです。

この認識をしっかり持つことが役立つのは、相手を疑い、また自分を疑うことが、簡単にできるようになる点です。

「みんなは自信たっぷりに言っているけど、本当にそのとおりだろうか」

「私が思い込んでいることは、本当のことだろうか」

「朝日新聞の悪口で盛り上がると気持ちが快活になって楽しいけど、これは誰かに乗せられているだけではないか」

民主主義を謳歌できない日本人の不可解な習性

戦後の日本人は、民主主義を手に入れました。

権力者の金儲けのために自分たちが戦争に利用されるのが嫌なら、私たちはその意志を投票で簡単に示すことができます。

「総選挙がしばらくないから出来ないでしょ」というかもしれませんが、2015年には統一地方選挙が行われます。もし現政権に「ノー」を突きつけるなら、その機会はあるわけです。

私がいつも不思議に思うのは、政権の悪口をさんざん声高に叫んでいる人が、肝心の選挙に行かなかったり、行ったはいいが同じ政策の別の立候補者に投票したり、ぜんぜん自分の意志を示そうとしないことです。

中国の人民のように、選挙権を持たず、民主主義がないならば、ただ不満の声を上げるしかないでしょう。ところが日本人は選挙権があるにもかかわらず、それを行使して

いないのです。これではせっかく手に入れた民主主義も、まったくの台無しです。

日本人の不思議な態度は、メディアについてもいえます。

「最近のマスコミは、どうしてこんなに翼賛報道ばかりしているんだ」と苛立《いらだ》つ人が増えていますが、それでいて新聞は読みつづけているし、テレビも観ています。

これも私がよく指摘することですが、**そもそもマスコミは権力者が国民を洗脳するためにつくった装置です。**権力者に都合の悪いことを、彼らが国民に伝えたことは過去に一度もありません。つねに権力者の意向に沿ったこと、つまり巧みな嘘を流しているだけです。私たちはわざわざお金を払って、その嘘を観たり読んだりしているわけです。

その点を、マスコミが真実を伝えないといって怒っている人は誤解しています。

NHKの報道が世論操作に使われていると思うなら、それを暴けばいいし、そんな手間をかけていられないというなら解約すればいいのでは？　新聞にしても同じ手で対抗できるはずです。

テレビと新聞を捨て、自らインターネットで検索し調べたほうが、よほど世界の動き、世の中の動きがわかります。これまで信じていた世界観が変わるような情報にも、出会えることでしょう。

また、**消費社会では、買わないというのは最も民主的な抗議行動です。**

みなさんがいまの政策に不満を持つなら、政治献金を復活させた大企業、あるいは政府の審議会に人を送っている企業の製品やサービスは、ボイコットすればいいではありませんか。

買わないことで抗議のメッセージを送る簡単な方法は、これまでの消費パターンを変えてしまうことです。

たとえば、いつも利用するスーパーマーケットやデパートでの買い物をやめる。生活に困ると思うかもしれませんが、生鮮食料品や日用品などあらゆるものを、インターネット販売を行う地方の生産者やお店から購入するのです。

直販窓口がなければ、電話で問い合わせます。たいていは、喜んで売ってくれます。

政府の方針に賛成できないのに、政府を支える企業の製品やサービスは相変わらず利用するという態度をつづけているから、日本人はいつまでたっても民主主義が持つ力に目覚めないのです。

いよいよ導入されそうな「経済的徴兵制」

いまの日本人を洗脳し、戦争に向かわせることは、非常に簡単です。
理由は、たいがいの人は頭のてっぺんからつま先まで、お金の論理にどっぷりと浸かっているからです。

たとえば、いま一部識者の間で問題視されている**経済的徴兵制**。

みなさんは、これがどういう仕組みのものかご存知でしょうか。

かりにAさんが長期間の失業状態にあり、どうしようもなくなって生活保護の申請に役所の窓口を訪ねたとします。すると、**「自衛隊に行けばけっこうな給料がちゃんともらえるし、いろいろ身分保障もつくから、一度、面接に行ったらどうですか」**と促され、「ちゃんと生活できるなら、いいことだ」と自分でもよくわからないうちに兵役についてしまう。

これが経済的徴兵制といわれるものです。すでに政府の審議会では、育英資金の返済免除と引き換えに自衛隊に入隊するインターンシップ制度をつくってはどうか、という具体的な意見が出ています。

経済的な弱みにつけ込んで兵役を志願させるのはたしかに問題ですが、私はこうした手の込んだやり方を考えるまでもないのではないかと、危惧しています。

たとえば、自衛隊の隊員の給料を一般サラリーマンよりも少しばかり高くするだけで、結構な数の若者が集まってしまうのではないでしょうか。

入隊すれば、高卒でも大卒サラリーマン並みの給料がもらえ、資格が取得でき、規律正しい生活が送れ、まじめに勤めあげれば除隊後にもちょっとした特典がつく。そういう条件をそろえれば、ブラック企業で働くよりいいじゃないかと賛同する親は必ず出てくるでしょう。

自衛隊はこれからアメリカ軍につき従って、あるいはアメリカ軍の代わりに、紛争地域に派遣されることが予定されていますから、彼らははっきりした自覚のないまま、前線に送られることになるでしょう。

お金をもらうために、何の恨みもない、見ず知らずの相手を、「アメリカが敵だと言っている」という理由だけで、殺しに行くわけです。

前線では、想像以上にむごい経験をするかもしれませんが、逃げ出すわけにもいきません。ようやく除隊になると、今度はPTSD（心的外傷後ストレス障害）を発症したり、特殊な病気になったりで、一般社会にうまくなじめないということがしばしば起こるわけです。アメリカでも同様の事態が起こっており、社会問題になっています。

それでも日本では非正規雇用が拡大するし、ブラック企業ばかりでいい仕事はありませんから、自衛隊が入隊志願者を確保できないということにはならないでしょう。

もしも政策的にこういう方向に誘導するとすれば、これは民主主義国家でも何でもありません。国民をわざと経済苦に追い込み、その弱みにつけ込んで国家目標を達成しようとする方法ですから、憲法が保障する基本的人権にも抵触すると思います。

しかし、入隊を志願する側からは、おそらくほとんどクレームは上がってきません。リスクが高く苦しい仕事だけど、稼げるし、まだましな仕事だ、という気持ちが国民の間に起こるからです。これは、原発の下請け作業に送り込まれる労働者たちが抱いている感覚に、非常によく似ています。

ただし一番問題なのは、そうやって集めた経済軍人は、本当の戦争の時に役に立たないということです。見た目だけの軍は作れますが、強い軍はこのようなやり方では絶対につくれません。

今後、我々はどう生きていくべきか？

経済的徴兵制が成り立つ根本の問題は、日本人が貧困に対して、強い恐怖を感じているからです。

誰もが貧しかった戦後の焼け野原では、お金がないという理由で死ぬ人はいませんでした。ところが、豊かな現代においては、お金がないという理由で死と同様な不安を持つ人が絶えません。社会のセーフティーネットがずたずたに切り裂かれているわけです。

そのため、貧困で進退きわまるよりも、戦争に駆り出されたほうがまだましだという論理が生み出されます。食い詰めて自殺するよりもよほどいい。そう思い込まされるわけです。

少なくともアメリカの志願兵にはそういう経済軍人がかなりいます。

しかし、貧困は、それほど深刻な恐怖でしょうか。

それを恐怖と感じるのは、本人がお金にきわめて強く執着しているからです。

たとえば、どんな小さな地方都市に行っても、15万円の手取り月給をもらえる仕事はたくさんあります。少々不便な立地にあるアパートを借りれば、家賃は2万円から2万5000円といったところでしょう。

すると、光熱費や交通費を差し引いても、月に10万円は手元に残ります。

地元食材の物価は、驚くほど安いと思います。近所でタダ同然の畑を借りて家庭菜園をつくれば、もっと安くすむでしょう。また、デパートも映画館もディズニーランドもありませんから、ほかにはこれといってお金を使う機会もありません。

月10万円で、これなら余裕で暮らせるはずです。都会に暮らして経済的に苦しい、貧困の度合いが増しているというなら、このような選択肢もあるわけです。

私は何も、田舎暮らしを勧めているわけではありません。

生活経済というのは、入りと出なのです。

入ってくるお金が10だとしたら、出ていくお金を10以下に抑えれば、苦しいことは何もなくなります。入ってくるお金が10なのに、10以上の生活をしているから、苦しさが生まれるわけです。

もちろん、入りと出で出超にならないようにするためには、賃料相場の安い場所で暮らすとか、食べ物が獲れるような環境で暮らすとか、いまの生活の現状を変更しなくてはならないかもしれません。しかし、じり貧に陥るよりは、早くその選択をしたほうがよほど賢明です。

経済苦や貧困に苦しむ人は、必ずお金に囚われます。お金の論理に絡めとられてしまえば、その人の立ち位置は、結局のところ戦争協力者の側です。

戦争の時代にわが身を救う唯一の方法は、古今東西、お金に興味を持たないことしかありません。もちろんそれは、想像するほど難しいことではないし、淋《さび》しいことでもありません。むしろ本物の豊かさを手に入れられるでしょう。

方法は、簡単です。

疑うこと。

恐れないこと。
執着しないこと。

そのための具体的な計画を練り、それを行動に移してください。そうすれば、同じ思いを持ち、同じ選択を行おうとしている人々が思いのほかたくさんいることに、みなさんもきっと気づくでしょう。

次なる時代の新しい選択は、もう始まっています。

それは決して、ひとつの政府とひとつの中央銀行が支配するニューワールドオーダーではないはずです。

第7章

21世紀の戦争は「5次元化空間」で繰り広げられる

「サイバー戦争」はすでに始まっている

世界大戦に始まった総力戦は、20世紀の姿を決定づける戦争の形でした。

その戦いでは、当事国が国民全員の命、財産、資源、思想を注ぎ込むことに狂奔《きょうほん》することになりました。総力戦という考え方を突き詰めていけば、大日本帝国が国民に「一億玉砕」思想を強要したことも、アメリカが原子爆弾という当時としてはケタ外れに惨い大量破壊兵器を開発、投下したことも、戦争史上の当然の流れだったといえるのかもしれません。

私たちは「許されないことだ」と拳を握りしめますが、戦争行為とは、つねに許されざる一線を超え、それをより惨い方向へと更新していくことです。

では、これから先、戦争はいったいどのような形に変貌するのか。

最後に、その点を考察しておく必要がありそうです。

総力戦が20世紀を決定づけたなら、21世紀を決定づけるのはサイバー戦争です。

サイバー戦争というと、架空の戦争のように感じるかもしれません。ですが、決してそうではなく、人間が血を流しバタバタと倒れることはこれまでと変わりありません。また、直接的に核兵器が用いられないとしても、従来の常識では想像がつかないような大惨事も起こりえます。

サイバー戦争は未来の戦争ではなく、その第一歩はすでに踏み出されています。「いったいどこで？」といえば、２００９年のイランです。

この年、イランで稼働中の遠心分離器が、なぜかすべて壊れてしまいました。遠心分離器というのは、ウランを濃縮するための機械で、これがないと原子力発電所の核燃料をつくることができません。このときイランには、８４００台もの遠心分離器が存在していました。

当時、イランはロシアの協力のもと、原子力開発を行っていました。アメリカとEU、そしてイスラエルが、それに強烈に反発していました。外交的にすったもんだしているうちに、１１４８台もの遠心分離器が壊れるという事態が、イランで唐突に起こったわけです。

この一件の詳細は、後にエドワード・スノーデン氏の公表文書によって、明らかにされました。ご存知のようにスノーデン氏は、ＮＳＡ（アメリカ国家安全保障局・National Security Agency）の元局員。２０１３年にアメリカ政府の情報収集活動を内部告発して世界を驚かせた人物です。

イランが仕掛けられた「ゼロデイ攻撃」とは？

それによると、**イランの遠心分離器が壊れた原因は、アメリカとイスラエルによるサイバー攻撃でした。**そこには、詳細な手口までが記載されていました。

ウラン濃縮は機密度のきわめて高い国家プロジェクトですから、遠心分離器を制御するシステムはそもそも外部ネットワークとは技術的に遮断され、防御されていました。あらかじめハッカーの侵入経路は塞《ふさ》いであったわけです。

では、どうやって侵入したのか。

USBメモリからです。誰かが運び込んだUSBメモリの中に、マルウェアが仕込んであったのです。そのマルウェアとは**stuxnet（スタックスネット）**と呼ばれるコンピューターウイルスで、この攻撃により一躍有名となりました。

USBメモリを差したパソコンは、たちまちマルウェアに感染しました。そこでマルウェアが何をやったかといえば、**ゼロデイ攻撃**です。

ご存知かもしれませんが、ゼロデイ攻撃とは、まだ知られていないOS（オペレーティング・システム）のバグを使ってOSに侵入するウイルス攻撃のことをいいます。開発元で解析し、すでに明らかになっているバグならば、OSのアップデートやアンチウイルスソフトでその穴をふさぐことができます。しかし、まだ開発元やウイルス対策会社でさえも気づいていないバグに対しては、いくら強力なアンチウイルスソフトを使ったとしても、侵入を防ぐことはできません。

イランの遠心分離器は、ゼロデイ攻撃によって突破されてしまいました。しかも、その攻撃は、1つ見つけるのでさえ容易ではないゼロデイを4つないし5つ使っていました。要するに、絶対に侵入防御が効かないよう、マルウェアに波状攻撃を行わせたのです。

侵入したマルウェアは、次に何をやったのか。それは、アンチウイルスソフトの乗っ取りでした。

ご存知ないかもしれませんが、アンチウイルスソフトというのは、ＯＳをウイルスの攻撃から守るために必要な作業をすることを目的に、ＯＳの一番深いところのプロセスを制御します。そのため、アンチウイルスソフトが乗っ取られると、ＯＳはもう防御の施しようがありません。パソコンの中身を読むことはもちろん、パソコンそのものを破壊することだって自由自在にできてしまいます。

さて、乗っ取られたアンチウイルスソフトが次に行ったことは、外部ネットワークから内部システムへのダウンロードを可能にすることでした。モニター上は「正常」と表示されながらも、システムの中に破壊工作用ウイルスが次々と侵入してきたわけです。

防御のしようがない「ＳＣＡＤＡ攻撃」

これらのマルウェアが何をするかといえば、**SCADA《スカダ》攻撃**です。

SCADA（Supervisory Control And Data Acquisition）とは、すべての制御系を一つ上の抽象度で記述するプログラムです。

制御系のプログラムというのは、C言語やアセンブラといった抽象度の低い、機械に近い言語で書かれています。そういういわば生々しい言語で記述されたプログラムは、改良を加えようとしても簡単にいじることはできません。そこで、開発者が制御系プログラムを開発しやすくする目的で、もっと抽象度の高い言語で、低い抽象度で書かれたシステムを制御できるようにしたのがSCADAです。

マルウェアによってSCADAレベルの書き換えが可能になると、システムの全体像がまったくわかっていなくても、簡単にそれを制御できてしまいます。SCADA攻撃の恐ろしいところは、制御系がどうなっているか事細かく把握できなくても、簡単にコントロールできるという点なのです。

イランの遠心分離器は、シーメンスの制御系を使っており、制御系はPLC（プログラマブルロジックコントローラー）と言いますが、PLCを監視制御しているのが、シーメンス製のＳＣＡＤＡだということは最初からバレていました。そのため、マルウェアによって、シーメンス用のＳＣＡＤＡを書き替えるプログラムが次々に仕込まれていったのです。

ネットワークの中でＳｔｕｘｎｅｔは次々と自身のコピーを作り、ＰＬＣとつながっているコンピュータやＳＣＡＤＡの中枢を見つけ出し、次々とマシンを乗っ取って行きました。また、将来の拡張や変更のために、どこかに必ず制御系のソフト一式が全部入っているマシンがあります。マルウェアは、その制御コンピュータを乗っ取って、一式そろった制御系ソフトに改造を加え、自動プログラミングのようなことを行ったわけです。

これがどれほどヤバいことか、おわかりになるでしょうか。

大規模プラントなどの制御系は、必ず手動制御できるようにつくられています。なぜなら、重大な損傷を受けるような過酷事故（シビアアクシデント）が起こって自動停止した場合も、最終的には手動で制御する必要があるからです。

ところが、マルウェアがＳＣＡＤＡレベルの制御コードを書き換えてしまえば、有事

の際の手動制御さえも不能にすることも、じつに簡単です。

たとえば、遠心分離器を暴走させ、放射能漏れを起こさせます。そのときに、あらかじめ手動制御でもコントロールできない状態にしておけば、もはや現場では手がつけられません。そういう恐ろしい事態へと導くことも、十分にできたのです。

実際そのようなマルウェアが日本でも震災時に、福島第二原発2号機の制御システムから見つかっています（詳しくはKindle版拙著『日本サイバー軍創設提案』をお読みください）。

こうして、運用者がすっかり平常運転と思っているうちに、イランの遠心分離器を制御するシステムはまったく別物の異なるシステムに変わっていきました。

イランはアメリカが仕掛けたサイバー戦争に負けた

もう少し詳しく紹介すれば、このとき書き換えられた遠心分離器の制御系は2つありました。

ひとつはコード３１５、もうひとつはコード４１７で、３１５は遠心分離器のシリンダの回転制御、４１７は遠心分離器のバルブ制御のコードでした。

じっさいに実行されたのは、コード３１５のほうです。

もともとの遠心分離器の正常な遠心分離周期は、８０７〜１２１０ヘルツでした。この遠心分離周期で回転させることによって、ウランの正常な分離濃縮が行われます。

その遠心分離周期がどう書き換えられたかといえば、１０６４〜１４１０ヘルツになっていました。これは、人間の能力では気づくことのできない、じつにわずかな変化です。

その新しい周期でシリンダが回転をつづけたところ、２００９年６月から９月にかけて、先に述べたように１１４８台もの遠心分離器が次々に壊れていきました。おそらくイランの当局者は、「いったい何事が起こったのか」と肝を冷やし、震えが止まらなかったことでしょう。

壊れただけですんだことは、まだ幸運でした。

なぜかといえば、コード４１７が実行に移されたら、遠心分離器のバルブが閉まらなくなり、放射能漏れを起こしていたかもしれないからです。

かりに1000台以上もの遠心分離器で放射能漏れが起こったとすれば、現場は収拾がつかないばかりか、イランは国家として統治能力を失うことになったかもしれません。もちろん中東全体にも激震が走ったことでしょう。イスラム教シーア派の盟主イランが統治能力を失うとしたら、中東のパワーバランスは一気に瓦解してしまいます。

この事故が起こると、それまでアメリカに対して強硬姿勢をとりつづけていたイランは、2009年9月27日、突然のようにIAEA（国際原子力機関）の査察受け入れを表明しました。

じつは、これが核開発をめぐるイランの敗戦日です。戦争の爪痕は人々の目にまったく映りはしないでしょうが、イランはこの日、アメリカ、イスラエルが仕掛けたサイバー戦争によって降伏の白旗を上げたのです。

じつは、イランがいまだに交渉をつづけるアメリカ、イギリス、ドイツ、フランス、ロシア、中国との「6カ国協議」は、こうした水面下のサイバー戦争が大きな影を落としています。

6カ国協議でイランは、依然として強硬に核開発の推進を主張しています。アメリカ、イギリス、ドイツ、フランスは、それを阻止する姿勢を変えていませんが、いっぽうで交渉のテーブルに濃縮度と量の問題が載せられてもいます。この事実は、西側の主張の背後に、条件によってはイランにウラン濃縮を認めてもよいという考えがあるものと思います。

この協議が今後どう決着するかは、アメリカがサイバー戦争の利益として何を望むのかを見る上でも、注目すべき出来事になるのではないでしょうか。

サイバー戦争は原発事故も容易に引き起こせる！

それはともかく、社会の隅々にまでコンピュータネットワークが組み込まれた現代において、サイバー戦争の脅威ははかり知れません。

遠心分離器が大量破壊されたイランは原子力発電所を持っていませんでしたが、もしもそれがあったとすれば、原発の過酷事故でさえ起こすのは簡単です。

原発でなくとも、電気、ガス、あるいは通信網、鉄道といった社会インフラの制御系をウイルスでシャットダウンさせ、一国の社会生活を一瞬のうちに破壊することだってできます。また、ウイルスを使って銀行の決済、預金データを消滅させたり、機関投資家の保有株を一瞬のうちに投げ売りさせたりすることも、いともたやすい話です。

わざわざミサイルを撃ち込んだり爆撃機で爆弾を投下したりしなくても、ウイルスを侵入させるだけで、敵国の社会はたちまち崩壊してしまうわけです。

そうした大規模破壊が、「USBケーブルをパソコンに差した」というだけで起こりえます。

たとえば、こんな実験結果があります。

ある連邦機関の玄関前にUSBメモリを置いておくと、職員の60％がそれを拾い、自分のパソコンに差しました。さらに、このUSBメモリに連邦機関のロゴマークを入れておくと、90％の職員がそれを拾って自分のパソコンに差しました。大切な情報が入っているかもしれないと思う気持ちや好奇心が、一瞬の気の緩みにつながって、感染が起こるということです。

いまとなっては、ＵＳＢメモリの危険性に気づかない職員はいないでしょうが、人間の認識というのは、いつもこの程度のものです。人間が抱く警戒心の裏をかけば、今後もウイルスを侵入させる手段に事欠きはしないでしょう。

もちろん、外部と内部を物理的に遮断し、ウイルスの侵入を防ぐ考え方もありますが、これとて工作員が職員としてシステム運用の現場に紛れ込んでいれば、防御はまず無理です。

ところで、**アメリカのＮＳＡには、３つのサイバー部隊がいる**といわれています。

ひとつは、軍事目的の通信傍受システムであるエシュロンがそうであるように、世界のネットワークを監視する部隊。これが最も規模が大きく、大きな予算をかけている部門です。

もうひとつは、より能動的に、工作を行う部隊です。たとえばスノーデン氏は、ネットワークを中継するルーターの世

米メリーランド州フォート・ジョージ・G・ミード陸軍基地内のNSA本部

NSAの紋章

界最大メーカー「シスコ」がルーターを出荷するさいに、NSAが独自のプログラムまたは改造を組みこんでいたと暴露しました。

最後は、最もコアとなる部隊で、大統領の命令があれば友好国であろうと敵対国であろうと、どこの国のどのような社会インフラでも、いつでもシャットダウンさせることができる攻撃部隊です。これは総勢で数百人、年間数百億円の予算をかけているといわれています。

この最後に挙げた部隊が、これから本格化するサイバー戦争の主役です。彼らはネットワークをつうじて工作を行うだけでなく、現場に工作員を送り込み、操ってもいます。

2015年2月には、ロシアのセキュリティソフトメーカーのカスペルスキーが、NSAが埋め込んだとされる新種のマルウェア（ウイルス）を多数のウィンドウズならびにマックOSのハードディスクから発見されたとのレポートを発表しました。このマルウェアはハードディスクの見えない部分に潜み、OSを乗っ取ります。

このマルウェアはIBM、日立、東芝などの主要メーカーのすべてに対応しており、ハードディスクメーカーの開発者の協力がなければ開発できないレベルの高度なプログラミングがされていると報告されています。彼らのレポートのインパクトは計り知れず、すでに全世界のほぼすべてのコンピュータが事実上乗っ取られ済みということです。

このように、マルウェア（ウイルス）を侵入させ、サイバー戦争を仕事にするプロ中のプロが存在しているのですから、私たちはいつ何時、大規模破壊が起こってもおかしくないと、腹をくくっておかなければならないでしょう。

これからの戦争は「5次元化」する！

ところで、サイバー戦争は、これまでの戦争とはまったく異なる姿をしています。

従来の戦争は、敵兵相手に前線で火器を使って命をとり合う、いわば3次元の戦いでした。総力戦という形で、前線そのものが地理的に大きく拡大されることになったとはいえ、あくまで3次元の戦いであることに基本的な変化はなかったといえます。

しかし、サイバー戦争は、もはや3次元の戦争ではありません。

たとえば、現代の戦争ではすでに電磁兵器や光兵器が必ずといっていいほど使われて

いますが、これを用いるさいには、時間の概念がどうしても必要になります。

たとえば、ミサイル防衛で巡航ミサイルを迎撃しようとすれば、かつて3次元空間で行われていた戦闘の概念は通用しません。音速の何倍で飛んでくるミサイルの速度や軌道を精密に計算し、時空のピンポイントで迎撃ミサイルを命中させるようにしなければなりません。

それに対して、かつての3次元の戦争では、日単位の時間的ずれでさえ許容されていました。

「もう3日も待っているが、援軍はまだなのか！」

そんなことも、日常茶飯事でした。

ですが、**現代の戦争ではもう許されません。コンマ数秒も誤差があれば、すなわち破局です。**時間空間にピンポイントで合致させなければならないとすれば、これはかつての3次元空間ではなく、4次元の世界です。

そればかりか、戦争空間はさらに広がりを見せています。

先のNSAのサイバー攻撃部隊を例にとると、彼らはアメリカ国内にいながらにして、遠く離れた敵国の社会インフラを大規模に破壊する作戦を行うことになります。現場にいて、目視などで状況を把握し、その上で作戦を実行するわけではありません。

軍事作戦の全体を考えれば、社会インフラの破壊は一連の作戦の一部でしょう。インフラの破壊、通信ネットワークの遮断、空港の閉鎖などが順序立てて行われ、すっかり国家機能をマヒさせて、特殊部隊の投入という具合に進むことが予想されます。

とすると、あらゆる戦闘行為に時間空間の概念が必要になり、4次元化されます。

同時に、サイバー攻撃によるインフラ破壊は、まったく別の情報空間の中で行われていますから、その戦争空間は、3次元の破壊現場に時間空間と情報空間を加えた、完全な5次元の戦場といわなければなりません。

X47-B 無人ステルス攻撃機

つまり、現代の戦争には、かつて地上軍と地上軍が交戦した3次元の戦場はもうほと

んど残されていません。戦争空間は、あらゆる戦闘において、どんどん5次元化しているわけです。

もう少しわかりやすい例を挙げて、説明してみましょう。

イスラム国の空爆などで知られる無人攻撃機、いわゆるドローンは無人ではありますが、ドローンには操縦士はちゃんといます。彼らは、機体を操っているし、爆撃のときの発射ボタンも押しています。でも、機内にはいないのです。

では、彼らはいったいどこにいるのか。

それは、バージニアにある基地の地下です。

彼らはおしなべて若い航空兵で、それぞれがみなジョイスティックを握り、基地の地下でドローンを操縦しています。その風景は、ゲームセンターにずらりと並んだフライトシミュレーターさながらです。

つまり、ドローンは、なぜか乗員だけがアメリカ国内の基地にいるという、変わった戦闘機なのです。

これこそが、戦争空間が5次元化していることの証明です。兵士たちは、戦地から遠く離れた情報空間で、空中戦や爆撃を行っています。日本人は映画の中のお話とばかり思い込んでいるかもしれませんが、現代の兵士たちは、もうとっくの昔にアバター化しています。

この戦争進化の先頭を走っているのは、もちろんアメリカの兵士で、彼らはどんどん情報空間の重みが増し、5次元化していくサイバー空間で戦っているわけです。

現在開発中のX47-Bステルス無人攻撃機はステルス攻撃機であり、さらに無人機です。

我々はこれを兵士の5次元空間でのアバター化と説明しています。

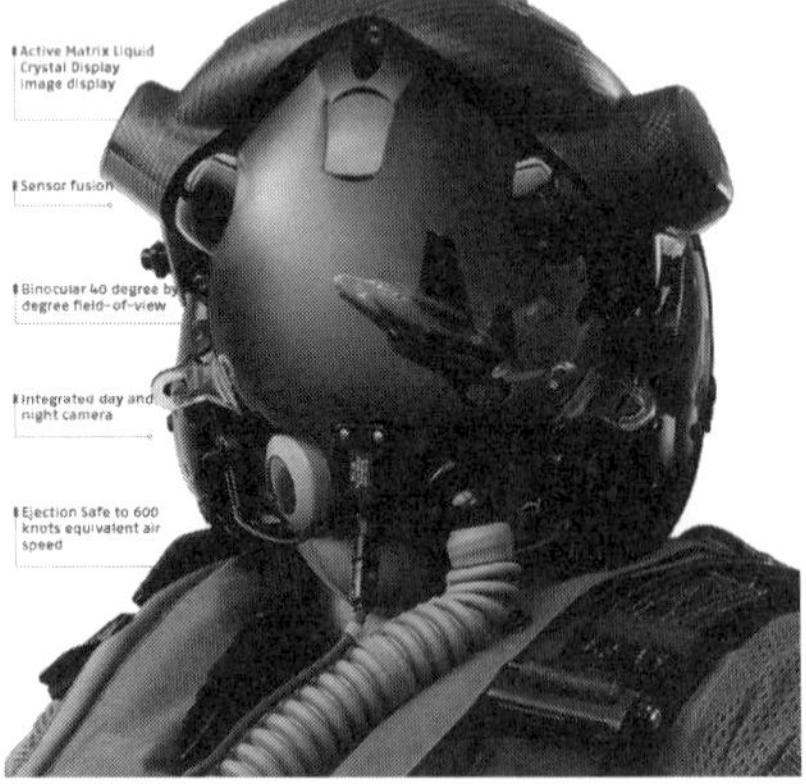

F-35戦闘機のヘルメット
（ヘッドマウントディスプレイ）

サイバー戦争では勝敗が一瞬で決まる

5次元で戦争が行われるとき最も重要なのは、いうまでもなく情報システムです。たとえば、最新鋭のF-35戦闘機の設計図が中国人ハッカーに盗まれたというニュースが以前にありました。

F-35はステルスですが、こちらは操縦士が搭乗するジェット戦闘機です。その昔の戦闘機マニアなら、まず飛行性能をあれこれ評価したでしょうが、現代では評価が一番に向く先は、もうそこにはありません。というのも、**F-35の技術的中心は、機体そのものではなく操縦士のヘルメット**にあるからです。

それは特別なヘルメットで、その中にすべての情報が可視化されていきます。どういう情報かといえば、F-35を制御する情報から大統領官邸をはじめとするリアルタイムの後方支援情報まで、戦闘に必要な情報のすべてです。

この情報処理を支えているのは、もちろんソフトウエアです。**F-35を直接コントロールするソフトだけで、驚くなかれ、750万行もあります。いっぽう後方支援のソフトは1500万行もあり、合わせて2250万行というとてつもなく膨大なプログラム**

によってシステムが動いています。

このことがぴんと来ないなら、初期のスペースシャトルがどれくらいの量のプログラムで運用されていたか、比較するといいでしょう。

初期のそれは、だいたい100万行でした。もちろん、いまはもっと膨れ上がっているでしょうが、100万行で宇宙に飛び出し、地球を周回し、高度なミッションを行い、そして地球に帰還することができました。

F-35は、その初期のスペースシャトルの20倍以上のコードで動いていることになります。

そして、操縦士の小さなヘルメットの中で、全750万行と全1500万行の全体システムがコントロールされます。F-35のヘルメットは、まさに戦争空間のミクロコスモスです。

F-35 戦闘機

このF-35の設計図、とりわけヘルメットに関する情報は、米軍の最高機密でした。

中国人ハッカーによってそれが盗まれたわけですから、どれほど深刻な話かわからない人はいません。これが盗まれたということは、いずれ全2250万行のF-35全体システムがサイバー攻撃で、瞬時に破壊されるかもしれないわけです。

これによりロッキードマーティン社は全てのソフトウエアを開発しなおすことになり、開発費用が当初の予算の2倍となってしまいました。

このことは、サイバー戦争の悲惨さを端的に示しています。

というのも、5次元の戦争空間というのは、非常に精緻《せいち》な空間です。先に紹介したイランの遠心分離器は、シリンダの回転数をわずか200ヘルツ変化させただけで戦局が決してしまいました。

私たちは「情報操作」という言葉に慣れてしまい、ニュースの取り上げ方や切り口にばかり目を向けますが、そんな情報操作はもはや古き良き時代の遺物になっています。

情報空間を操作されて、国家や社会が瞬時に崩壊する。おそらく、そんな時代がやってきます。その悲惨さにおいて、これからは総力戦のはるか上を行く新しい時代の戦争が起こることでしょう。

すでに着々と戦争が準備されている⁉

戦争の方法論はこれから、どんどん多様化していきます。

貧富の差をなくしたり、反戦運動を盛り上げたりする市民の方法論がいくつも生まれるいっぽう、片方では民族浄化や民族殲滅というような禍々しい国家権力の方法論も出てくるかもしれません。

誰がどう仕掛けたのか、さまざまに取り沙汰されていますが、紛争がつづくウクライナではネオナチ勢力が堂々とよみがえりつつあります。こうした右傾化の状況は西側各国に共通しており、アメリカでも極右の活動家が幅を利かせ始めています。

戦争の方法論の多様化は、すなわち兵士の多様化でもあります。

たとえば、アメリカはテロ組織に対する軍事制裁を実行するさいに、いま民間軍事会社を使っています。よく名前が挙がる有名どころは、ブラックウォーターなどでしょう。

なぜアメリカは、紛争地域で民間軍事会社を使うのか。これは、ジュネーブ条約で軍

隊は軍隊としか戦えないと規定されているからです。 この規定では、軍隊は国旗と階級章をつけた軍服を着用しなければならず、戦闘行為は同様の軍服を着用した敵国の軍隊にのみ向けることができるとされています。

ところが、9・11以降、戦争の形は大きく変わってしまいました。

そもそも国家対国家の戦いが戦争だったにもかかわらず、当時のアメリカは突然のように「テロとの戦い」を標榜《ひょうぼう》し、テロ組織相手の戦争を始めました。

そこでジュネーブ条約の問題が持ち上がりました。条約に則れば、アメリカ軍はテロリスト相手に直接の戦闘行為を行うことはできません。

そこで急に脚光を集めたのが、民間軍事会社でした。彼らなら国家が支給する軍服を着る必要がないため、テロリストと自由に交戦できるというおかしな理屈がまかり通りました。

いまでは、民間軍事会社が紛争地域で、合法非合法を含め、さまざまな活動を行っています。それを恐れる市民の側も、自警団を組織する動きが広がっています。いざ争いが起これば、各地域で市民軍のようなものも結成されるかもしれません。

余談ですが、次々に設立される民間軍事会社は、前述したイングランド革命における ニューモデル軍や、フランス革命におけるレジスタンスの徒党、あるいは幕末の京都で暴れまわった浪士集団に代わる、21世紀の新バージョンのようにも見えます。もしそうだとすれば、これは明らかに**来るべき戦争の準備**でしょう。その証明は今後の歴史を注視するしかありませんが、いずれにしても動乱の時代を象徴しています。

戦争反対にせよ賛成にせよ、これからの戦争は社会の隅々にまで浸透し、人々はその方法論をめぐって、あちこちで摩擦を起こすようになるでしょう。戦争反対を唱える人々の間にも方法論をめぐる対立が生まれるし、賛成を唱える人々においても同様です。**ただ、どんなに侃々諤々《かんかんがくがく》の議論が巻き起ころうとも、戦争は人々の目にそれと映ることなく5次元の戦争空間で進行していきます。**おそらく私たちは、ある日、目の前に破局的な事態が突如現われたときに、戦争の存在を知ることになるのかもしれません。

その昔、まだ核分裂現象が科学的に発見されてもいない時代に、帝国陸軍で天才と謳《うた》われた石原莞爾《いしわらかんじ》は『世界最終戦論』を著し、「世界の最終戦争では核兵器が使われ、勝敗は一瞬のうちに決まる」と述べました。

20世紀の間、私たちは何とか核戦争を免れることができましたが、サイバー戦争の幕が開いた21世紀に、私は石原莞爾の予言が外れてくれることを心から願わずにはいられません。

あとがき　戦争は国家による国民の収奪だ

イラク戦争に国連平和維持軍として派遣された自衛隊は、生命を守るために必要な最低限の武器携帯を許されていました。しかし、その最低限の武器の中に実弾は含まれていませんでした。

「私たちと行軍を共にしないでほしい」

国連平和維持軍に参加した外国の軍隊は、自衛隊にこんな申し入れを行いました。理由は、実弾が入っていないとわかった敵が余裕しゃくしゃくで撃ってくるからです。自衛隊と一緒にいると自分たちの命まで危うくなる、だからあっちへ行ってくれ、というわけです。

これは、ずいぶんひどい話です。

日本政府は、自衛隊を戦地に派遣しておきながら、十分な自衛能力さえ持たせていなかったのです。

国連の要請で平和維持活動に派遣されるわけですから、国際法上は、実弾が入っていなければおかしい話です。憲法の自衛権との整合性が問われるのなら、「自衛隊は、敵が撃ってくるまで、撃ってはいけない」として、先制攻撃のみを禁止すればよかったことでしょう。

ところが、軍として戦地で活動させたにもかかわらず、政府は自衛隊に実弾の携行を禁じました。小泉政権下でのことですが、私はこれほど酷薄な仕打ちはないと思います。

なぜ、このような無意味なことを平然と行うことができたのか。それは、日本人が戦争というものをさっぱり理解していないからです。

日本が戦争を起こしたら国連の許可なく攻撃できる

集団的自衛権の集団とは、日本にとってアメリカとの集団です。集団といっても2カ国です。

そもそも集団的自衛権は、一人前の主権国家なら、どんな国でも保有する権利です。

戦争を起こす権利は外交権の一部ですから、そもそも個別的自衛権か集団的自衛権かということを問題にする必要もありません。

では、なぜ日本では、それがつねに大きな問題になるのか。

平和憲法があるからでしょうか？

それが時代遅れのガラパゴス憲法になっているからでしょうか？

そうではありません。**国連憲章の敵国条項によって、日本には戦争を起こす権利がないと決められているからです。この敵国条項の削除が行われていないため、日本は国連加盟国193カ国の中で唯一戦争を起こす権利がない特殊な国になっているのです。**

国連憲章の内容をわかりやすく紹介すれば、第一に、加盟国の間ではできるだけ戦争を起こすのはやめましょう、ということが決められています。攻撃を受けたときは、原則として必ず国際連合に諮ってください。相手がひどすぎる場合は、国連が軍を派遣します、となっているわけです。

しかし、緊急の場合はこの範囲ではありません。国連憲章は、加盟国が戦争を起こすことを、そもそも否定していないのです。

ところが、日本だけは例外で、その権利は一切ありません。なぜかといえば、国連は、第2次世界大戦の戦勝国の組合ですから、取り決めで敗戦国の日本をそのように扱っているのです。かつてはドイツ、イタリアもその扱いでしたが、両国はＮＡＴＯに加盟したため、事実上、敵国条項は適用されません。

そして、**さらに重要なことは、もしも日本が国連加盟国を侵すような行為を準備しているとわかった場合には、その瞬間から、いつでも国連の許可なく日本を攻撃していいですよ、ということも記されています。**これが敵国条項の恐ろしさです。

この条項を削除することさえできれば、日本はいまの憲法のもとでも、戦争に訴える権利を持つことができます。なぜなら、国際法に則れば、それが主権国家の外交権の一部であると認めない国はないからです。

つまり、日本に必要なのは、憲法解釈の変更でも、集団的自衛権の行使容認でもありません。敗戦によって失った主権を完全に回復することなのです。そのときに憲法の戦争放棄が問題になるというのなら、当該部分のみに改正を加えればいいことです。

不完全な主権しか持たない国家がいくら「戦争ができるようにしたい」と言ったとこ

ろで、世界はただ不思議がり、不審に思うばかりでしょう。

日本はいったん国連を脱退せよ

では、どうすれば敵国条項を外すことができるのか。

私は、いったん国連を脱退することが必要だと思います。そのときは、日米安保条約もひとまず破棄します。

なぜかといえば、いまの日本は事実上、大日本帝国として国連に加盟しているからです。私たちが日本だと思っている国は、国連の他の国家には条約上は日本ではなく、いまだに大日本帝国のままなのです。敗戦した国がサンフランシスコ講和条約を結び、日米安保条約を結び、国連に加盟したからです。だから敵国条項があるのです。ウソだと思うなら、サンフランシスコ講和条約をつぶさに読解してみればいいし、私の著書『日本人の99%が知らない戦後洗脳史』（ヒカルランド刊）をお読みいただいてもいいでしょう。

ですからやるべきことは国連を一度脱退し、第2次大戦の敗戦国である大日本帝国ではなく、敗戦によって生まれた新しい日本国として、ふたたび国連に加盟し、アメリカとも安保条約をもう一度結ぶのです。敵国条項は大日本帝国に向けられた条項ですから、そのときはもはや日本には無関係です。

新加盟する時は国名をJAPANではなくNIPPONとするのもいいでしょう。

思うに、戦後の日本には、私たちの目にふれにくい、また目にしてもそれとはわからない形で、数々の仕掛けが施されています。

これらについては、いずれ別な著作を考えていますのでここでは書きません。まずは、私が掲げるきわめて大胆な方法によって日本に向けられた敵国条項を外す努力を真剣に行うことが、私たち国民が本当の主権在民を手に入れるための突破口になるのではないかと想像しないではいられません。

もちろん、ヨーロッパの大銀行家の策動に惑わされない大人の日本人になるためにも、それが必要です。

苫米地　英人

【著者プロフィール】

苫米地 英人（とまべち・ひでと）

1959年、東京生まれ。認知科学者（機能脳科学、計算言語学、認知心理学、分析哲学）。計算機科学者（計算機科学、離散数理、人工知能）。カーネギーメロン大学博士（Ph.D.）、同CyLab兼任フェロー、株式会社ドクター苫米地ワークス代表、コグニティブリサーチラボ株式会社CEO、角川春樹事務所顧問、中国南開大学客座教授、苫米地国際食糧支援機構代表理事、米国公益法人The Better WorldFoundation日本代表、米国教育機関TPIジャパン日本代表、天台宗ハワイ別院国際部長。マサチューセッツ大学を経て上智大学外国語学部英語学科卒業後、三菱地所へ入社。２年間の勤務を経て、フルブライト留学生としてイエール大学大学院に留学、人工知能の父と呼ばれるロジャー・シャンクに学ぶ。同認知科学研究所、同人工知能研究所を経て、コンピュータ科学の分野で世界最高峰と呼ばれるカーネギーメロン大学大学院哲学科計算言語学研究科に転入。全米で４人目、日本人としては初の計算言語学の博士号を取得。帰国後、徳島大学助教授、ジャストシステム基礎研究所所長、同ピッツバーグ研究所取締役、ジャストシステム基礎研究所・ハーバード大学医学部マサチューセッツ総合病院NMRセンター合同プロジェクト日本側代表研究者として、日本初の脳機能研究プロジェクトを立ち上げる。通商産業省情報処理振興審議会専門委員なども歴任。現在は自己啓発の世界的権威、故ルー・タイス氏の顧問メンバーとして、米国認知科学の研究成果を盛り込んだ能力開発プログラム「PX2」「TPIE」などを日本向けにアレンジ。日本における総責任者として普及に努めている。著書に『洗脳広告代理店 電通』『日本買収計画』『すべての仕事がやりたいことに変わる 成功をつかむ脳機能メソッド40』『税金洗脳が解ければあなたは必ず成功する！』『「真のネット選挙」が国家洗脳を解く！』『TPPが民主主義を破壊する！（ブックレット版）』（すべてサイゾー刊）、『まずは「信じる」ことをやめなさい』（アース・スターエンタテイメント）、『原発洗脳 アメリカに支配される日本の原子力』（日本文芸社）など多数。TOKYO MXで放送中の「バラいろダンディ」（21時～）で木曜レギュラーコメンテーターを務める。

苫米地英人 公式サイト　http://www.hidetotomabechi.com/
ドクター苫米地ブログ　http://www.tomabechi.jp/
Twitter　http://twitter.com/drtomabechi（@DrTombechi）
PX2については　http://www.bwfjapan.or.jp/
TPIEについては　http://tpijapan.co.jp/
携帯公式サイト　http://dr-tomabechi.jp/

編集協力　岡本聖司
装丁　重原隆
本文デザイン　二神さやか
DTP　キャップス
校正　鷗来堂

日本人だけが知らない戦争論

2015年4月30日　初版発行
2022年6月11日　5刷発行

著　者　苫米地英人
発行者　太田　宏
発行所　フォレスト出版株式会社
〒162-0824 東京都新宿区揚場町2-18　白宝ビル7F
電話　03-5229-5750（営業）
03-5229-5757（編集）
URL　http://www.forestpub.co.jp

印刷・製本　日経印刷株式会社

ISBN978-4-89451-642-7　Printed in Japan